Marcelo O. Sproviero

LÍMITE Y CONTINUIDAD

1430 ejercicios

$$\lim_{x \to +\infty} \left(\sqrt[n]{\prod_{i=1}^{i=n}(x+i)} - x \right)$$

Prólogo

Los conceptos de límite y continuidad de funciones en una variable, son tratados de una manera sencilla para la comprensión del estudiante universitario. El libro cuenta con numerosos ejemplos y una gran cantidad de ejercicios, algunos de ellos desafiantes para el lector más interesado como el límite que se ilustra en la tapa.

Consta de 7 unidades. Las cinco primeras responden al límite de una función, donde se presenta la noción intuitiva, las propiedades correspondientes, las formas indeterminadas, las aplicaciones al cálculo de asíntotas dejando en última instancia la definición propia del límite funcional.

La sexta y séptima unidad corresponden al estudio de la continuidad de una función en un punto y en un intervalo y se presentan las propiedades fundamentales.

Como siempre quiero agradecer a los que me brindan su apoyo y entusiasmo incondicional para la publicación de la obra y abrigo la esperanza de que sea útil para el estudiante y para el docente.

Marcelo O. Sproviero

Índice de contenidos

1 **Noción de límite** Pág. 1

2 **Propiedades del límite** Pág. 25

3 **Formas indeterminadas** Pág. 43

4 **Asíntotas** Pág. 107

5 **Definición de límite** Pág. 119

6 **Continuidad** Pág. 149

7 **Propiedades de las funciones continuas** Pág. 163

Respuestas Pág. 175

1

NOCIÓN DE LÍMITE

Noción intuitiva

El concepto de límite, uno de los temas fundamentales del análisis matemático, nos permitirá analizar el comportamiento que tienen las imágenes de la función cuando la variable independiente crece o decrece, o cuando se aproxima a un determinado valor.

Tratemos primero el caso en que la variable independiente x se aproxima a un número a.

Límite en un punto

Si la variable x de una función $f(x)$ tiende a un número a y las imágenes correspondientes se aproximan a un número real L, se dice entonces que L es el límite de la función y se escribe

$$\lim_{x \to a} f(x) = L$$

EJEMPLO 1)

Sea $f(x) = \begin{cases} 2x+1 & si \quad x \neq 2 \\ 3 & si \quad x = 2 \end{cases}$ construir una tabla de valores y determinar el límite de la función cuando x tiende a 2. Graficar.

Asignando valores arbitrarios a x próximos a 2 se obtiene

x	$f(x)$
1.9	4.8
1.99	4.98
1.999	4.998 → 5
. . .	. . .
2.1	5.2
2.01	5.02
2.001	5.002 → 5
. . .	. . .

LÍMITE Y CONTINUIDAD

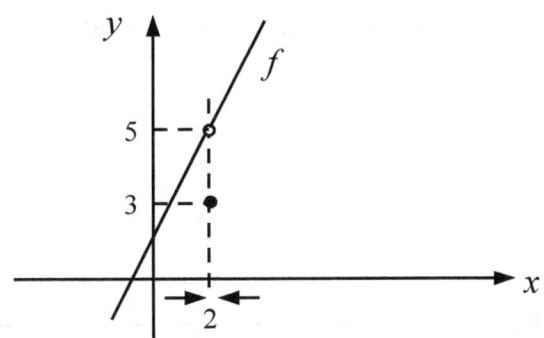

De la tabla y del gráfico puede observarse que para valores de x que se aproximan a 2 por derecha y por izquierda, los valores de $f(x)$ se aproximan a 5. Luego 5 es el límite de la función.

Nótese que si $x = 2$, $f(2)$ es 3; y en este caso no coincide con el límite.

EJEMPLO 2)

Determinar el límite mediante el gráfico de la función $f(x) = \dfrac{x^2 - 1}{x + 1}$ cuando x tiende a -1

$$f(x) = \frac{x^2 - 1}{x + 1} = \frac{(x-1)(x+1)}{x+1} = x - 1 \quad \text{si} \quad x \neq -1$$

El gráfico es

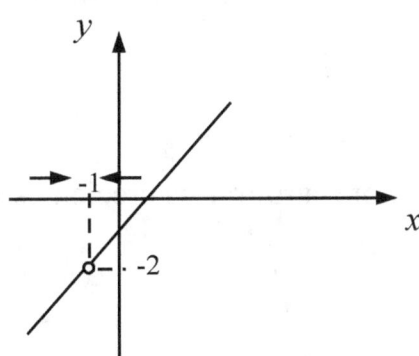

Se observa que la función tiende a -2 cuando x se aproxima a -1. Nótese que la función no está definida en $x = -1$

EJEMPLO 3)

Calcular $\lim\limits_{x \to 0} (x^2 + 2)$ analizando el gráfico de la función $f(x) = x^2 + 2$

NOCIÓN DE LÍMITE

Se observa, según la gráfica, que la función tiende a 2 cuando x se aproxima a 0. En este caso $f(0)$ y el límite de la función coinciden.

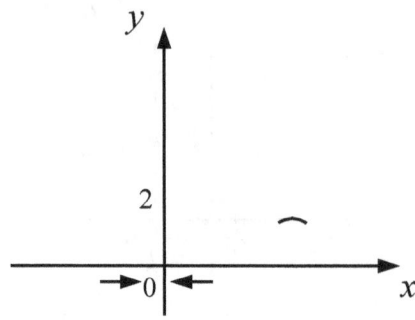

Límite en el infinito

Puede ocurrir que exista el límite de una función para valores crecientes de x ($x \to +\infty$) o decrecientes de x ($x \to -\infty$); en este caso se simboliza

$$\lim_{x \to +\infty} f(x) = L$$

o bien

$$\lim_{x \to -\infty} f(x) = L$$

EJEMPLO 4)

Mediante una tabla de valores y la gráfica correspondiente, hallar $\lim_{x \to +\infty} \dfrac{1+x}{x}$ y $\lim_{x \to -\infty} \dfrac{1+x}{x}$

Asignando a x valores arbitrarios crecientes y decrecientes resulta

x	$f(x)$
10	1.1
100	1.01
1000	1.001 → 1
...	...
-10	0.9
-100	0.99
-1000	0.999 → 1
...	...

El gráfico es

LÍMITE Y CONTINUIDAD

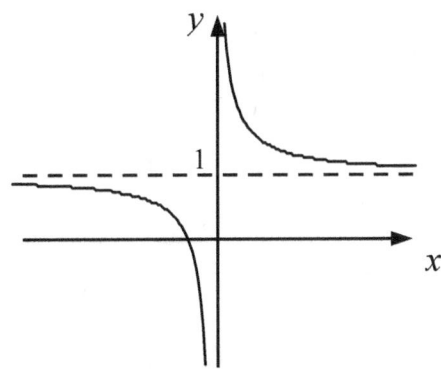

De la tabla y el gráfico se observa que el límite es 1 para $x \to +\infty$ y $x \to -\infty$

Límites infinitos

Otra posibilidad es que los valores de una función puedan crecer o decrecer indefinidamente según $x \to a$, $x \to +\infty$ ó $x \to -\infty$. En estos casos la función no tiene límite finito, se dice entonces que el límite es "infinito". Por ejemplo la expresión

$$\lim_{x \to +\infty} f(x) = -\infty$$

significa que para valores crecientes de x la función decrece indefinidamente.

EJEMPLO 5)

Graficar las siguientes funciones y determinar el límite correspondiente.

a) $f(x) = \dfrac{1}{x^2}$ si $x \to 0$ b) $g(x) = -x^3$ si $x \to +\infty$

a) Según la gráfica se observa que para valores próximos a 0 la función crece sin límite.

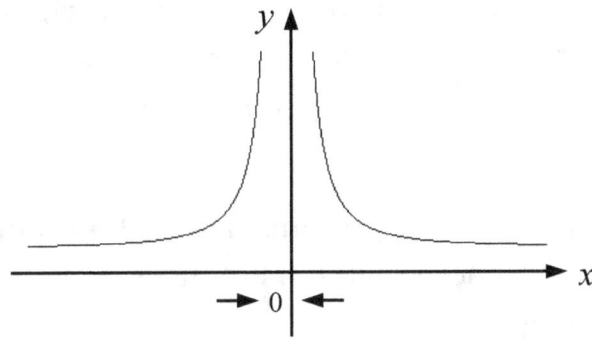

b) En este caso la función tiende a infinito cuando $x \to +\infty$; la función decrece in límite. La gráfica es

NOCIÓN DE LÍMITE

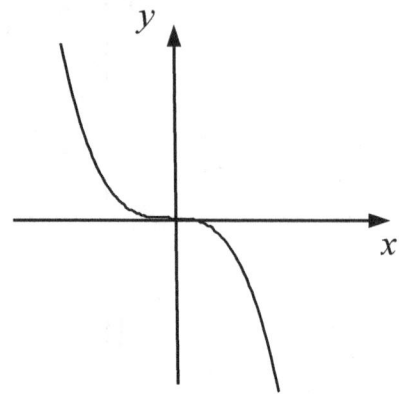

Funciones oscilantes

Existen funciones que oscilan entre determinados valores careciendo entonces del límite finito o "infinito".

EJEMPLO 6)

La función $f(x) = senx$ no posee límite cuando $x \to +\infty$ pues toma valores alternados entre -1 y 1. Análogamente si $x \to -\infty$

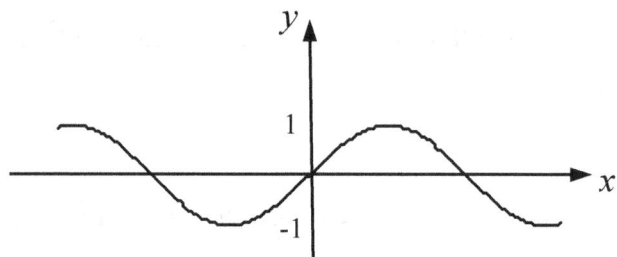

Límites laterales

El número real L_1 es el límite lateral derecho de una función $f(x)$ cuando x se aproxima a un valor a por la derecha si los valores de la función convergen o tienden a L_1 y se escribe

$$\lim_{x \to a^+} f(x) = L_1$$

Análogamente si x se aproxima a un valor a por la izquierda y la función tiende al número real L_2, entonces L_2 es el límite lateral izquierdo y se escribe

$$\lim_{x \to a^-} f(x) = L_2$$

LÍMITE Y CONTINUIDAD

Una función tiene límite finito L si y solo si los límites laterales son iguales, esto es

$$\lim_{x \to a^+} f(x) = \lim_{x \to a^-} f(x) = L$$

y este límite es único.

EJEMPLO 7)

Representar la función $f(x) = \begin{cases} 7-x & si \quad x > 3 \\ \dfrac{2}{3}x & si \quad x \leq 3 \end{cases}$

Observar el gráfico y determinar el límite cuando $x \to 3^+$ (x tiende a 3 por derecha) y cuando $x \to 3^-$ (x tiende a 3 por izquierda). Verificar que la función no posee límite para $x \to 3$

El gráfico correspondiente es

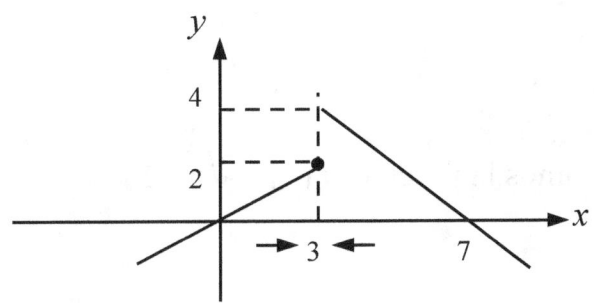

Se observa que si $x \to 3^+$ entonces $f(x) \to 4$ y cuando $x \to 3^-$, $f(x) \to 2$

Nótese que los límites laterales son distintos, luego la función no tiene límite para $x \to 3$

EJEMPLO 8)

Hallar el límite de $f(x) = \begin{cases} 2-x^2 & si \quad x > -1 \\ 1+(x+1)^2 & si \quad x < -1 \\ 3 & si \quad x = -1 \end{cases}$

para $x \to -1^+$ y $x \to -1^-$ efectuando un gráfico de la función.

Verificar si existe el límite de la función para $x \to -1$

NOCIÓN DE LÍMITE

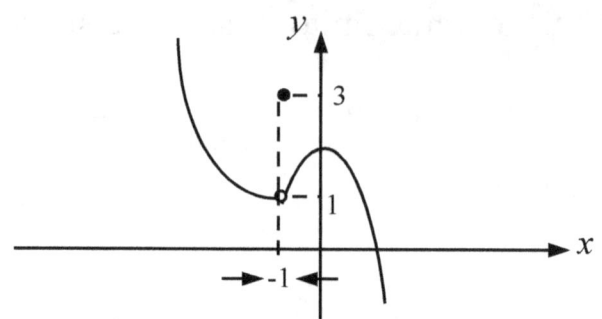

Se observa que ambos límites laterales son iguales a 1; luego existe el límite de la función.

A continuación se presentan algunos ejemplos para determinar, si existe, el límite de una función mediante la inspección del gráfico correspondiente.

EJEMPLO 9)

$$\lim_{x \to 0} \left(\sqrt[3]{x} + 1\right)$$

Representamos la función $f(x) = \sqrt[3]{x} + 1$

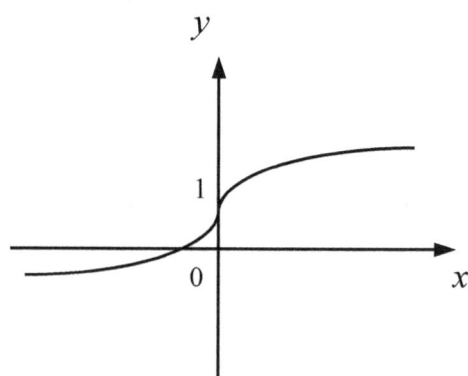

La función tiende a 1 si x se aproxima a 0.

EJEMPLO 10)

a) $\lim\limits_{x \to +\infty} \left(\dfrac{1}{2}\right)^x$ b) $\lim\limits_{x \to -\infty} \left(\dfrac{1}{2}\right)^x$

Efectuamos la gráfica de $f(x) = \left(\dfrac{1}{2}\right)^x$

LÍMITE Y CONTINUIDAD

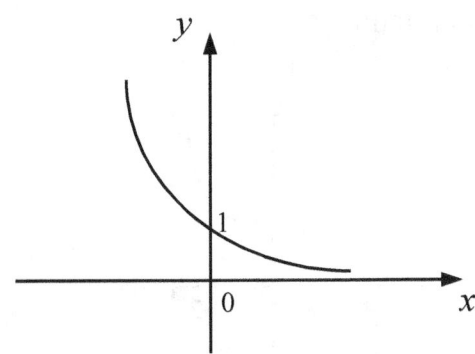

La variable x toma valores crecientes en a) y decrecientes en b). De la gráfica se observa que si $x \to +\infty$, la función se aproxima a 0; y si $x \to -\infty$ los valores de la misma crecen indefinidamente.

EJEMPLO 11)

a) $\lim\limits_{x \to +\infty} (1-x^2)$

b) $\lim\limits_{x \to -\infty} (1-x^2)$

Representamos $f(x) = 1 - x^2$

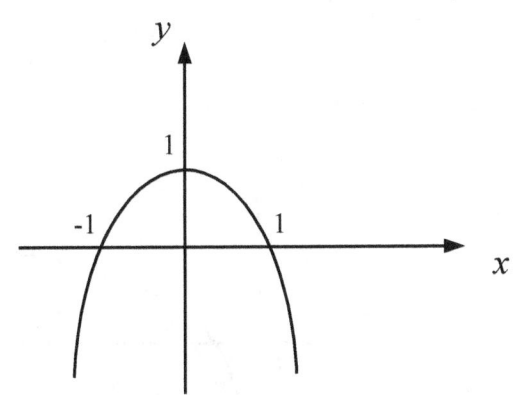

La función tiende a $-\infty$ para valores crecientes y decrecientes de x

EJEMPLO 12)

Sea $f(x) = \dfrac{x-3}{x-2}$ hallar los límites correspondientes de $f(x)$ para

a) $x \to +\infty$

b) $x \to -\infty$

c) $x \to 2^+$

d) $x \to 2^-$

NOCIÓN DE LÍMITE

La gráfica correspondiente es

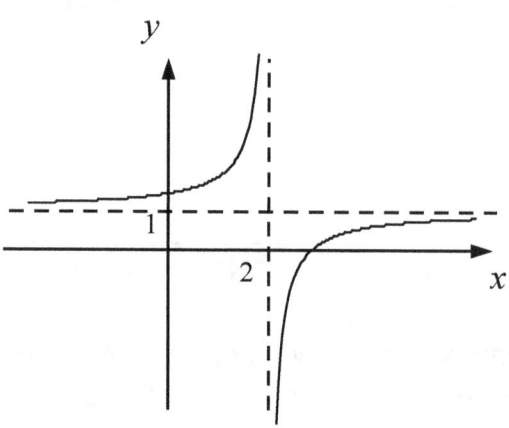

Luego

$$f(x) \to 1 \text{ en a) y en b)}$$
$$f(x) \to -\infty \text{ en c)}$$
$$f(x) \to +\infty \text{ en d)}$$

EJEMPLO 13)

a) $\lim\limits_{x \to +\infty} \ln x$ b) $\lim\limits_{x \to 0^+} \ln x$

Representamos $f(x) = \ln x$

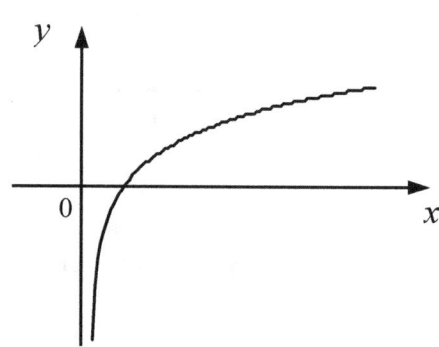

a) La función $\ln x \to +\infty$ cuando $x \to +\infty$

b) Si $x \to 0^+$ entonces $\ln x \to -\infty$

EJEMPLO 14)

Sea $f(x) = \log_2 x^2$ hallar el límite si

a) $x \to +\infty$ b) $x \to -\infty$ c) $x \to 0^+$ d) $x \to 0^-$ e) $x \to 0$

LÍMITE Y CONTINUIDAD

La gráfica correspondiente es

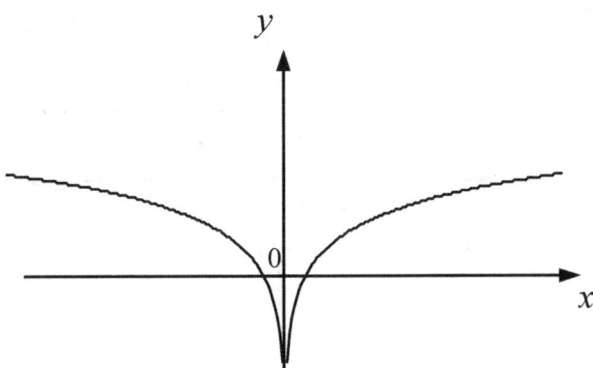

Luego
$f(x) \to +\infty$ en a) y en b)
$f(x) \to -\infty$ en c), d) y e)

EJEMPLO 15)

a) $\lim\limits_{x \to 1^+} [x]$ b) $\lim\limits_{x \to 1^-} [x]$ c) $\lim\limits_{x \to 1} [x]$

Se observa que el límite de la función parte entera de x en a) es 1; en b) es 0 y en c) no existe ya que los límites laterales son distintos.

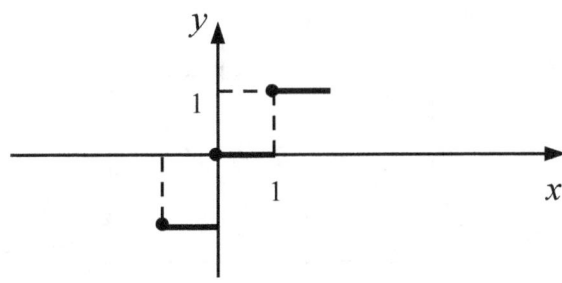

EJEMPLO 16)

Sea $f(x) = \begin{cases} \dfrac{|x|}{x} & si \quad x \neq 0 \\ 0 & si \quad x = 0 \end{cases}$ hallar los límite de $f(x)$ en los casos

a) $x \to 0^+$ b) $x \to 0^-$ c) $x \to 0$ d) $x \to +\infty$ e) $x \to -\infty$

Al representar gráficamente se observa que en a) y en d) $f(x) \to 1$

En b) y en e) $f(x) \to -1$

En c) el límite de la función no existe, ya que los límites laterales son distintos.

NOCIÓN DE LÍMITE

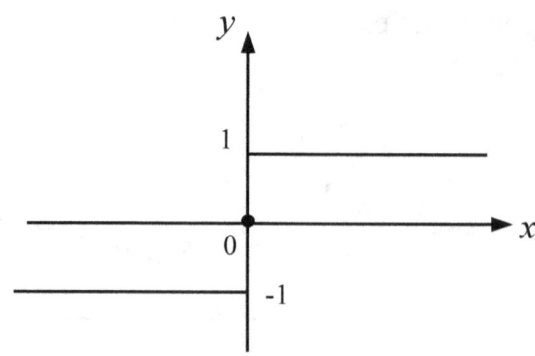

EJEMPLO 17)

Determinar el límite de $f(x) = \begin{cases} x^2 + 2 & si \quad x \leq 0 \\ x + 2 & si \quad 0 < x < 2 \\ \dfrac{2}{x} & si \quad x \geq 2 \end{cases}$ según se indica.

a) $x \to 0^-$ b) $x \to 0^+$ c) $x \to 0$ d) $x \to 2^-$ e) $x \to 2^+$
f) $x \to 2$ g) $x \to +\infty$ h) $x \to -\infty$

La gráfica es

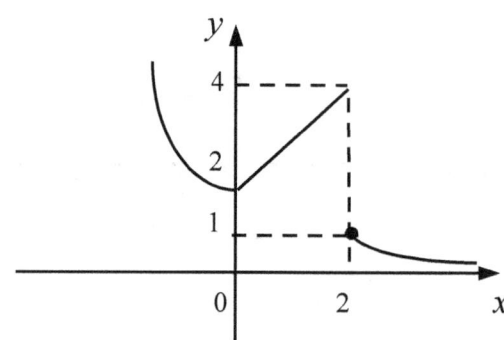

Luego
$f(x) \to 2$ en a), b) y c)
$f(x) \to 4$ en d)
$f(x) \to 1$ en e)
No existe el límite en f)
$f(x) \to 0$ en g)
$f(x) \to +\infty$ en h)

LÍMITE Y CONTINUIDAD

EJEMPLO 18)

Sea $f(x) = \begin{cases} (x-1)^2 + 2 & si \quad x \geq 1 \\ \dfrac{x}{x-1} & si \quad x < 1 \end{cases}$ determinar los límites de la función si

a) $x \to 1^+$ b) $x \to 1^-$ c) $x \to 1$ d) $x \to +\infty$ e) $x \to -\infty$

La gráfica es

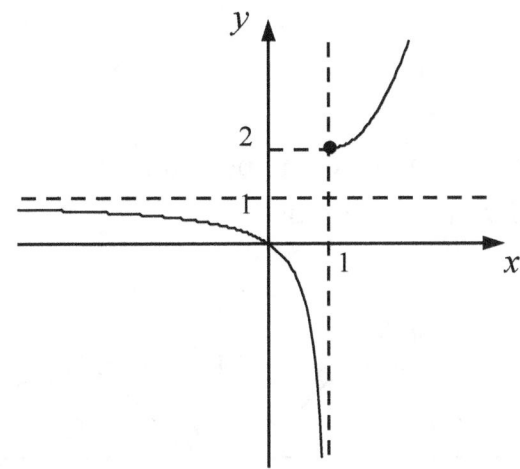

Luego se observa que
$f(x) \to 2$ en a)
$f(x) \to -\infty$ en b)
$f(x)$ no tiene límite en c)
$f(x) \to +\infty$ en d)
$f(x) \to 1$ en e)

EJEMPLO 19)

Sea $f(x) = \begin{cases} 2-x & si \quad 0 \leq x < 2 \\ x & si \quad x = 2 \\ 1+3^{-x} & si \quad x < 0 \end{cases}$ calcular los límites de la función si

a) $x \to 0^+$ b) $x \to 0^-$ c) $x \to 0$ d) $x \to 2^-$ e) $x \to -\infty$

Se observa, en la siguiente gráfica, que
$f(x) \to 2$ en a), b) y c)
$f(x) \to 0$ en d)
$f(x) \to +\infty$ en e)

NOCIÓN DE LÍMITE

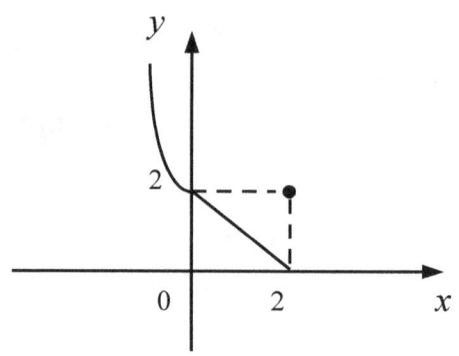

EJEMPLO 20

Hallar el límite de la función $f(x) = 1 - \cos x$ cuando a) $x \to \pi$
b) $x \to +\infty$

La función tiende a 2 en a) y no posee límite en b) ya que oscila entre 0 y 2. Obsérvese el gráfico correspondiente.

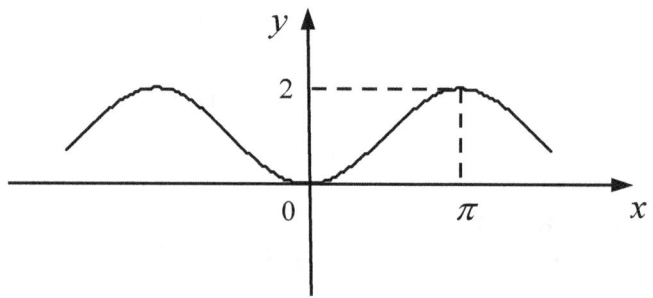

EJEMPLO 21)

Sea $f(x) = arcsenx \quad -1 \leq x \leq 1$, calcular el límite de la función para

a) $x \to 0$ b) $x \to 1^-$ c) $x \to -1^+$

La gráfica correspondiente es

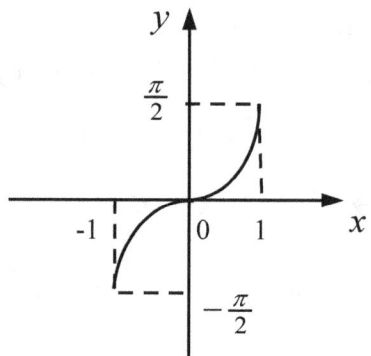

Luego $f(x) \to 0$ en a); $f(x) \to \dfrac{\pi}{2}$ en b) y $f(x) \to -\dfrac{\pi}{2}$ en c)

LÍMITE Y CONTINUIDAD

EJEMPLO 22)

Hallar el límite de la secante hiperbólica si

a) $x \to +\infty$ b) $x \to -\infty$ c) $x \to 0^+$ d) $x \to 0^-$ e) $x \to 0$

La función tiende a 0 en a) y en b); y tiende a 1 en c), d) y e)
La gráfica es

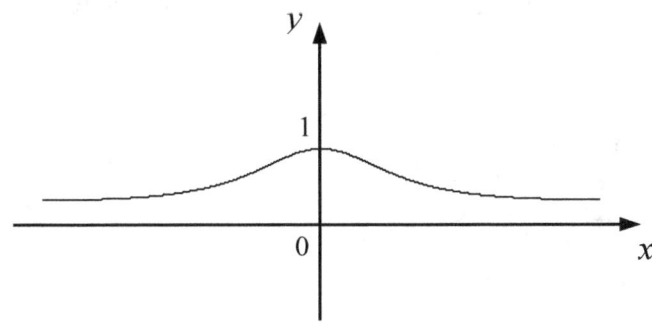

EJEMPLO 23)

Sea $f(x) = \text{argtanh } x$ calcular los límites para a) $x \to 1^-$ y b) $x \to -1^+$

Se observa que $f(x) \to +\infty$ en a) y $f(x) \to -\infty$ en b)

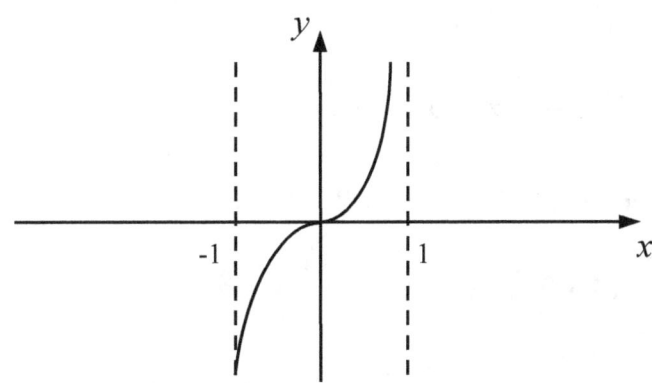

NOCIÓN DE LÍMITE

EJERCICIOS 1

Efectuar una gráfica aproximada de las siguientes funciones y hallar en cada caso el límite correspondiente según se indica.

1) $f(x) = 3x - 1 \quad x \to 2$

2) $f(x) = 4 - 2x \quad x \to 0$

3) $f(x) = -1 \quad x \to +\infty; \quad x \to -\infty$

4) $f(x) = 0 \quad x \to 0$

5) $f(x) = 4 - |x - 3| \quad x \to 3; \quad x \to +\infty; \quad x \to -\infty$

6) $f(x) = |2x - 1| \quad x \to \dfrac{1}{2}; \quad x \to +\infty; \quad x \to -\infty$

7) $f(x) = (x - 2)^2 + 1 \quad x \to 2; \quad x \to +\infty; \quad x \to -\infty$

8) $f(x) = 9x^2 - x \quad x \to 0; \quad x \to +\infty; \quad x \to -\infty$

9) $f(x) = 1 - x^3 \quad x \to -\infty; \quad x \to +\infty$

10) $f(x) = (x - 3)^3 \quad x \to -\infty; \quad x \to +\infty$

11) $f(x) = \dfrac{1}{x} \quad x \to 0^+; \quad x \to 0^-; \quad x \to +\infty; \quad x \to -\infty$

12) $f(x) = \dfrac{1}{x - 3} \quad x \to 3^+; \quad x \to 3^-; \quad x \to +\infty; \quad x \to -\infty$

13) $f(x) = \dfrac{x + 5}{x - 5} \quad x \to 5^+; \quad x \to 5^-; \quad x \to +\infty; \quad x \to -\infty$

14) $f(x) = \dfrac{4x - 2}{2x - 1} \quad x \to \dfrac{1}{2}^+; \quad x \to \dfrac{1}{2}^-; \quad x \to +\infty; \quad x \to -\infty$

15) $f(x) = \dfrac{1 - x}{x} \quad x \to 0^+; \quad x \to 0^-; \quad x \to +\infty; \quad x \to -\infty$

LÍMITE Y CONTINUIDAD

16) $f(x) = \dfrac{2x}{3x-6}$ $\quad x \to 2^+; \quad x \to 2^-; \quad x \to +\infty; \quad x \to -\infty$

17) $f(x) = \dfrac{x^2-49}{x+7}$ $\quad x \to -7^+; \quad x \to +\infty; \quad x \to -\infty$

18) $f(x) = \dfrac{x^3-1}{x-1}$ $\quad x \to 1^-; \quad x \to +\infty; \quad x \to -\infty$

19) $f(x) = \dfrac{1}{x^2-9}$ $\quad x \to -3^-; \quad x \to -3^+; \quad x \to 3^-; \quad x \to 3^+; \quad x \to +\infty; \quad x \to -\infty$

20) $f(x) = \dfrac{x^3-1}{x^6-1}$ $\quad x \to -1^+; \quad x \to -1^-; \quad x \to 1^+; \quad x \to 1^-; \quad x \to -\infty; \quad x \to +\infty$

21) $f(x) = \dfrac{|x-1|}{1-x}$ $\quad x \to 1^+; \quad x \to 1^-; \quad x \to +\infty; \quad x \to -\infty$

22) $f(x) = \left|\dfrac{x^2-9}{x+3}\right|$ $\quad x \to -3; \quad x \to -\infty$

23) $f(x) = \sqrt{x+2}$ $\quad x \to -2^+; \quad x \to +\infty$

24) $f(x) = 1 - \sqrt{x}$ $\quad x \to 0^+; \quad x \to +\infty$

25) $f(x) = \sqrt{9-x^2}$ $\quad x \to 3^-; \quad x \to -3^+; \quad x \to 0^+; \quad x \to 0^-$

26) $f(x) = \sqrt{x^2-1}$ $\quad x \to +\infty; \quad x \to -\infty; \quad x \to 1^+; \quad x \to -1^-$

27) $f(x) = [x]$ $\quad x \to 5^+; \quad x \to 5^-$

28) $f(x) = x - [x]$ $\quad x \to 3^-; \quad x \to 3^+$

29) $f(x) = 10^x$ $\quad x \to +\infty; \quad x \to -\infty$

30) $f(x) = \left(\dfrac{1}{5}\right)^x$ $\quad x \to +\infty; \quad x \to -\infty$

31) $f(x) = 4^{-x}$ $\quad x \to +\infty; \quad x \to -\infty$

NOCIÓN DE LÍMITE

32) $f(x) = \left(\dfrac{4}{7}\right)^{-x}$ $x \to +\infty;\ x \to -\infty$

33) $f(x) = \log(x+1)$ $x \to +\infty;\ x \to -1^+$

34) $f(x) = \log_{1/3} x$ $x \to 0^+;\ x \to +\infty$

35) $f(x) = \ln(1-x)$ $x \to -\infty;\ x \to 1^-$

36) $f(x) = 1 - \ln(x+2)$ $x \to -2^+;\ x \to +\infty$

37) $f(x) = \log x^2$ $x \to 0;\ x \to +\infty;\ x \to -\infty$

38) $f(x) = \ln|x|$ $x \to 0;\ x \to -\infty$

39) $f(n) = \dfrac{1}{n} + 4$ $n \to +\infty$ $n \in N$

40) $f(n) = n!$ $n \to +\infty$ $n \in N$

41) $f(n) = \dfrac{n-6}{n+6}$ $n \to +\infty$ $n \in N$

42) $f(n) = 1 - \dfrac{1}{n}$ $n \to +\infty$ $n \in N$

43) $f(x) = \begin{cases} x+1 & si\ x \geq 1 \\ -3x & si\ x < 1 \end{cases}$ $x \to 1^+;\ x \to 1^-$

44) $f(x) = \begin{cases} 3 & si\ x < 4 \\ 1 - \dfrac{x}{2} & si\ x \geq 4 \end{cases}$ $x \to 4^-;\ x \to 4^+$

45) $f(x) = \begin{cases} x^2 + 3 & si\ -1 \leq x \leq 0 \\ x + 2 & si\ 0 < x \leq 3 \end{cases}$ $x \to -1^+;\ x \to 0^-;\ x \to 0^+;\ x \to 3^-$

LÍMITE Y CONTINUIDAD

46) $f(x) = \begin{cases} \dfrac{1}{x} & si \quad x > 2 \\ x^3 + 1 & si \quad x = 2 \\ 4 & si \quad -2 < x < 2 \end{cases}$ $\quad x \to 2^+; \quad x \to 2^-; \quad x \to -2^+; \quad x \to +\infty$

47) $f(x) = \begin{cases} \sqrt{x} & si \quad x > 0 \\ 1 & si \quad x = 0 \\ 4x & si \quad x < 0 \end{cases}$ $\quad x \to 0; \quad x \to +\infty; \quad x \to -\infty$

48) $f(x) = \begin{cases} 1 - 3x^2 & si \quad x > 1 \\ 6x - 8 & si \quad x \leq 1 \end{cases}$ $\quad x \to 1; \quad x \to +\infty; \quad x \to -\infty$

49) $f(x) = \begin{cases} x - 1 & si \quad 0 < x < 2 \\ e^{-x} & si \quad x \leq 0 \\ 4 - x^2 & si \quad x \geq 2 \end{cases}$

$x \to 0^-; \quad x \to 0^+; \quad x \to 0; \quad x \to 2^-; \quad x \to 2^+; \quad x \to 2; \quad x \to +\infty; \quad x \to -\infty$

50) $f(x) = \begin{cases} 3 - x & si \quad 0 \leq x < 3 \\ x + 3 & si \quad x \geq 3 \\ 2^x & si \quad x < 0 \end{cases}$

$x \to 0^-; \quad x \to 0^+; \quad x \to 0; \quad x \to 3^-; \quad x \to 3^+; \quad x \to 3; \quad x \to +\infty; \quad x \to -\infty$

51) $f(x) = \begin{cases} -x^2 & si \quad x < 0 \\ 1 & si \quad 0 \leq x < 2 \\ \dfrac{1}{x} & si \quad 2 \leq x \leq 4 \end{cases}$

$x \to 0^-; \quad x \to 0^+; \quad x \to 2^-; \quad x \to 2^+; \quad x \to 4^-; \quad x \to -\infty$

52) $f(x) = \begin{cases} \ln x & si \quad x > 0 \\ x & si \quad x = 0 \\ \ln(-x) & si \quad x < 0 \end{cases}$ $\quad x \to +\infty; \quad x \to -\infty; \quad x \to 0^+; \quad x \to 0^-$

NOCIÓN DE LÍMITE

53) $f(x) = \begin{cases} (x-1)^2 & si \;\; 0 \leq x \leq 2 \\ 4 - 3(x-3)^2 & si \;\; 2 < x \\ 1 & si \;\; x < 0 \end{cases}$

$x \to 2^+; \; x \to 2^-; \; x \to 2; \; x \to 0^-; \; x \to 0^+; \; x \to 0; \; x \to +\infty; \; x \to -\infty$

54) $f(x) = \begin{cases} 3^{x+1} & si \;\; -1 < x < 1 \\ (x+1)^2 + 2 & si \;\; x \leq -1 \\ x - 1 & si \;\; x \geq 1 \end{cases}$

$x \to -1^+; \; x \to -1^-; \; x \to -1; \; x \to 1^-; \; x \to 1^+; \; x \to 1; \; x \to +\infty; \; x \to -\infty$

55) $f(x) = \begin{cases} \dfrac{1}{\sqrt{x^2 - 1}} & si \;\; |x| > 1 \\ 2 & si \;\; |x| \leq 1 \end{cases}$

$x \to -1^-; \; x \to -1^+; \; x \to +\infty; \; x \to -\infty; \; x \to 1^+; \; x \to 1^-$

56) $f(x) = \begin{cases} \dfrac{2x}{x+1} & si \;\; \left|x + \dfrac{1}{2}\right| < \dfrac{1}{2} \\ x + 3 & si \;\; |x - 3| \leq 3 \end{cases}$ $\quad x \to 0^+; \; x \to 0^-; \; x \to -1^+; \; x \to 6^-$

57) $f(x) = sen\,x \quad x \to \dfrac{3\pi}{2}; \; x \to 0; \; x \to \dfrac{\pi}{2}$

58) $f(x) = \cos x \quad x \to 0; \; x \to +\infty; \; x \to -\infty$

59) $f(x) = tg\,x \quad x \to 0; \; x \to \dfrac{\pi}{2}^+; \; x \to \dfrac{\pi}{2}^-$

60) $f(x) = \cot g\,x \quad x \to 0^+; \; x \to 0^-$

61) $f(x) = \sec x \quad x \to \dfrac{\pi}{2}^-; \; x \to \dfrac{\pi}{2}^+$

62) $f(x) = \cos ec\,x \quad x \to \pi^-; \; x \to \pi^+$

63) $f(x) = arc\cos x \quad si \;\; |x| \leq 1 \quad x \to -1^+; \; x \to 1^-; \; x \to 0$

64) $f(x) = arc\,sen\,x \quad si \;\; |x| \leq 1 \quad x \to -\dfrac{1}{2}; \; x \to \dfrac{1}{2}$

LÍMITE Y CONTINUIDAD

65) $f(x) = \text{arctg}\, x \quad x \to +\infty;\ x \to -\infty;\ x \to 0$

66) $f(x) = \text{arccot}\, gx \quad x \to +\infty;\ x \to -\infty;\ x \to 0$

67) $f(x) = \text{arcsec}\, x \quad si\ |x| \geq 1;\ x \to 1^+;\ x \to -1^-;\ x \to +\infty;\ x \to -\infty$

68) $f(x) = \text{arccosec}\, x \quad si\ |x| \geq 1;\ x \to 1^+;\ x \to -1^-;\ x \to +\infty;\ x \to -\infty$

69) $f(x) = \text{senh}\, x \quad x \to 0;\ x \to +\infty;\ x \to -\infty$

70) $f(x) = \cosh x \quad x \to 0;\ x \to +\infty;\ x \to -\infty$

71) $f(x) = \tanh x \quad x \to 0;\ x \to +\infty;\ x \to -\infty$

72) $f(x) = \coth x \quad x \to 0^+;\ x \to 0^-;\ x \to +\infty;\ x \to -\infty$

73) $f(x) = \cosech\, x \quad x \to 0^+;\ x \to 0^-;\ x \to +\infty;\ x \to -\infty$

74) $f(x) = 1 + \sech\, x \quad x \to 0;\ x \to +\infty;\ x \to -\infty$

75) $f(x) = \text{argsenh}\, x \quad x \to 0;\ x \to +\infty;\ x \to -\infty$

76) $f(x) = \text{argcosh}\, x \quad si\ x \geq 1;\ x \to 1^+;\ x \to +\infty$

77) $f(x) = \text{argcoth}\, x \quad si\ |x| > 1;\ x \to +\infty;\ x \to -\infty;\ x \to 1^+;\ x \to -1^-$

78) $f(x) = 1 + \text{argtanh}\, x \quad si\ |x| < 1;\ x \to 0\ x \to -1^+;\ x \to 1^-$

79) $f(x) = \text{argsech}\, x \quad si\ 0 < x \leq 1;\ x \to 0^+;\ x \to 1^-$

80) $f(x) = \text{argcosech}\, x \quad si\ |x| > 0;\ x \to 0^+;\ x \to 0^-;\ x \to +\infty;\ x \to -\infty$

81) $f(x) = \begin{cases} \sen x & si\ |x| \leq \dfrac{\pi}{2} \\ 2 - \dfrac{2}{\pi}x & si\ x > \dfrac{\pi}{2} \\ -2 - \dfrac{2}{\pi}x & si\ x < -\dfrac{\pi}{2} \end{cases} \quad x \to \dfrac{\pi}{2}^+;\ x \to \dfrac{\pi}{2}^-;\ x \to -\dfrac{\pi}{2}^+;\ x \to -\dfrac{\pi}{2}^-$

NOCIÓN DE LÍMITE

82) $f(x) = \begin{cases} 0 & si \quad x = 0 \\ \cos x & si \quad 0 < x < \dfrac{\pi}{2} \\ sen x & si \quad \dfrac{\pi}{2} \leq x \leq \pi \end{cases}$ $\quad x \to \dfrac{\pi}{2}^+ \; ; \; x \to \dfrac{\pi}{2}^- \; ; \; x \to 0^+ ; \; x \to \pi^-$

83) $f(x) = \begin{cases} sen x & si \quad x < 0 \\ \cos x & si \quad x \geq 0 \end{cases}$ $\quad x \to 0^+ ; \; x \to 0^- ; \; x \to 0; \; x \to +\infty ; \; x \to -\infty$

84) $f(x) = \begin{cases} tg x & si \quad -\dfrac{\pi}{2} < x < 0 \\ -\sec x & si \quad 0 \leq x < \dfrac{\pi}{2} \\ \cos ec x & si \quad \dfrac{\pi}{2} \leq x < \pi \end{cases}$ $\quad x \to \dfrac{\pi}{2}^+ \; ; \; x \to \dfrac{\pi}{2}^- \; ; \; x \to 0^+ ; \; x \to 0^-$

85) $f(x) = \begin{cases} |sen x| & si \quad x > 0 \\ 1 & si \quad x = 0 \\ |\cot g x| & si \quad -\dfrac{\pi}{2} < x < 0 \end{cases}$ $\quad x \to 0^+ ; \; x \to 0^- ; \; x \to +\infty$

86) $f(x) = \begin{cases} \log_{1/4} x & si \quad 0 < x < 1 \\ 1 - \cos x & si \quad x \leq 0 \\ \sqrt[4]{x-1} & si \quad x \geq 1 \end{cases}$

$x \to 0^+ ; \; x \to 0^- ; \; x \to 0; \; x \to 1^+ ; \; x \to 1^- ; \; x \to 1; \; x \to +\infty ; \; x \to -\infty$

87) $f(x) = \begin{cases} sen\left(x - \dfrac{\pi}{2}\right) & si \quad \left|x - \dfrac{3\pi}{2}\right| < \pi \\ 1 & si \quad \left|x - \dfrac{3\pi}{2}\right| \geq \pi \end{cases}$

$x \to \dfrac{\pi}{2}^- \; ; \; x \to \dfrac{\pi}{2}^+ \; ; \; x \to 5\dfrac{\pi}{2}^- \; ; \; x \to 5\dfrac{\pi}{2}^+ \; ; \; x \to +\infty ; \; x \to -\infty$

LÍMITE Y CONTINUIDAD

88) $f(x) = \begin{cases} \cos(x+\pi) & si \quad |x| \leq \pi \\ 2-(x-\pi)^2 & si \quad x > \pi \\ 2+(x+\pi)^2 & si \quad x < -\pi \end{cases}$

$x \to \pi^+; \quad x \to \pi^-; \quad x \to \pi; \quad x \to -\pi^+; \quad x \to -\pi^-; \quad x \to -\pi; \quad x \to -\infty; \quad x \to +\infty$

89) $f(x) = \begin{cases} \text{arcsen} x & si \quad 0 \leq x \leq 1 \\ \text{arccos} x & si \quad -1 \leq x < 0 \end{cases} \quad x \to 0^+; \quad x \to 0^-$

90) $f(x) = \begin{cases} \text{arctg} x & si \quad x < 0 \\ \cos(2x) & si \quad x > 0 \\ 1 & si \quad x = 0 \end{cases} \quad x \to 0^+; \quad x \to 0^-; \quad x \to 0; \quad x \to -\infty; \quad x \to +\infty$

91) $f(x) = \begin{cases} \text{senh} x & si \quad x < 0 \\ 1+\cosh x & si \quad x > 0 \\ -1 & si \quad x = 0 \end{cases} \quad x \to 0^+; \quad x \to 0^-; \quad x \to 0$

92) $f(x) = \begin{cases} -1+\tanh x & si \quad x \geq 0 \\ |\ln(-x)| & si \quad x < 0 \end{cases} \quad x \to 0^+; \quad x \to 0^-; \quad x \to 0$

93) $f(x) = \begin{cases} \cos ech x & si \quad x > 0 \\ 0 & si \quad x = 0 \\ \sec hx & si \quad x < 0 \end{cases} \quad x \to 0^+; \quad x \to 0^-; \quad x \to 0; \quad x \to +\infty; \quad x \to -\infty$

94) $f(x) = \begin{cases} \coth x & si \quad x > 0 \\ \tanh x & si \quad x \leq 0 \end{cases} \quad x \to 0^+; \quad x \to 0^-; \quad x \to 0; \quad x \to +\infty; \quad x \to -\infty$

95) $f(x) = \begin{cases} sen x & si \quad 0 < x < \dfrac{\pi}{2} \\ \text{argtanh} x & si \quad -1 < x < 0 \\ \cosh x & si \quad x = 0 \end{cases} \quad x \to 0^+; \quad x \to 0^-; \quad x \to 0$

96) $f(x) = \begin{cases} \text{argcosh} x & si \quad x = 1 \\ \text{argcoth} x & si \quad x > 1 \\ e^{-x} & si \quad x < 1 \end{cases} \quad x \to 1^+; \quad x \to 1^-; \quad x \to +\infty; \quad x \to -\infty$

NOCIÓN DE LÍMITE

97) $f(x) = \begin{cases} sen^2 x + \cos^2 x & si \quad x > 0 \\ 1 + \sqrt{x} & si \quad x = 0 \\ \cosh x & si \quad x < 0 \end{cases}$ $x \to 0^+; \quad x \to 0^-; \quad x \to 0$

98) $f(x) = \begin{cases} \cosh^2 x - senh^2 x & si \quad x > 0 \\ e^{-x^2} & si \quad x = 0 \\ 1 + tgx & si \quad -\dfrac{\pi}{2} < x < 0 \end{cases}$ $x \to 0^+; \quad x \to 0^-; \quad x \to 0$

99) $f(x) = |x+2| + |x-3|$ $x \to 3; \quad x \to -2; \quad x \to +\infty; \quad x \to -\infty$

100) $f(x) = |4-2x| + 3|x+1|$ $x \to 2; \quad x \to -1; \quad x \to +\infty; \quad x \to -\infty$

LÍMITE Y CONTINUIDAD

2

PROPIEDADES DEL LÍMITE

Para calcular el límite de una función pueden utilizarse ciertas propiedades que enumeramos a continuación.

a) $\lim\limits_{x \to a} k = k$; $k \in R$

b) $\lim\limits_{x \to a} x = a$

c) Si $\lim\limits_{x \to a} f = L$ entonces $\lim\limits_{x \to a}(kf) = k \lim\limits_{x \to a} f = kL$

d) Si $\lim\limits_{x \to a} f = L_1$ y $\lim\limits_{x \to a} g = L_2$ entonces

   1) $\lim\limits_{x \to a}(f \pm g) = \lim\limits_{x \to a} f \pm \lim\limits_{x \to a} g = L_1 \pm L_2$

   2) $\lim\limits_{x \to a}(f \cdot g) = \lim\limits_{x \to a} f \cdot \lim\limits_{x \to a} g = L_1 \cdot L_2$

   3) $\lim\limits_{x \to a}\left(\dfrac{f}{g}\right) = \dfrac{\lim\limits_{x \to a} f}{\lim\limits_{x \to a} g} = \dfrac{L_1}{L_2}$ si $L_2 \neq 0$

   4) $\lim\limits_{x \to a}\left(f^g\right) = \lim\limits_{x \to a} f^{\lim\limits_{x \to a} g} = L_1^{L_2}$; $L_1 > 0$

e) Si $\lim\limits_{x \to a} f = L$ entonces $\lim\limits_{x \to a}(\log_b f) = \log_b\left(\lim\limits_{x \to a} f\right) = \log_b L$; $L > 0$

Excluyendo la propiedad b), las restantes también se cumplen para $x \to +\infty$ o bien para $x \to -\infty$. Las propiedades indicadas pueden demostrarse empleando la definición formal de límite tratada más adelante.

EJEMPLO 1)
$$\lim_{x \to 2}(4x^3 - x^2 + 3) = \lim_{x \to 2}(4x^3) - \lim_{x \to 2} x^2 + \lim_{x \to 2} 3 = 4 \lim_{x \to 2} x^3 - \lim_{x \to 2} x^2 + \lim_{x \to 2} 3 =$$
$$= 4 \cdot 2^3 - 2^2 + 3 = 31$$

LÍMITE Y CONTINUIDAD

EJEMPLO 2)

$$\lim_{x \to -3} \frac{x+5}{2x} = \frac{\lim_{x \to -3}(x+5)}{\lim_{x \to -3}(2x)} = \frac{-3+5}{2(-3)} = -\frac{1}{3}$$

EJEMPLO 3)

$$\lim_{x \to 0}\left(\sqrt[3]{e^x} + \cos x\right) = \lim_{x \to 0}\sqrt[3]{e^x} + \lim_{x \to 0}\cos x = \sqrt[3]{e^0} + \cos 0 = 1 + 1 = 2$$

EJEMPLO 4)

$$\lim_{x \to 10}\left(x^2 \log x\right) = \lim_{x \to 10} x^2 \lim_{x \to 10}(\log x) = 10^2 \log\left(\lim_{x \to 10} x\right) = 100 \cdot \log 10 = 100$$

EJEMPLO 5)

$$\lim_{x \to 4} x^{\sqrt{x}} = \lim_{x \to 4} x^{\lim_{x \to 4}\sqrt{x}} = 4^2 = 16$$

EJEMPLO 6)

Evaluar $\lim_{x \to -1} \dfrac{1-x^2}{1+x}$

En este caso no es posible aplicar la propiedad d) 3), pues cuando $x \to -1$ el denominador $1+x$ tiende a cero. Luego se efectúa la siguiente transformación

$$\lim_{x \to -1} \frac{1-x^2}{1+x} = \lim_{x \to -1} \frac{(1-x)(1+x)}{1+x} = \lim_{x \to -1}(1-x) = \lim_{x \to -1} 1 - \lim_{x \to -1} x = 2 \quad si \quad x \neq -1$$

EJEMPLO 7)

Calcular a) $\lim_{x \to +\infty} 2^x$ b) $\lim_{x \to -\infty} 2^x$

En a) la función crece indefinidamente. La forma del límite es $2^{+\infty}$

Luego $\lim_{x \to +\infty} 2^x = +\infty$

En b) la función tiende a cero. La forma del límite es $2^{-\infty}$

Luego $\lim_{x \to -\infty} 2^x = 0$

PROPIEDADES DEL LÍMITE

EJEMPLO 8)

Hallar a) $\lim\limits_{x\to+\infty}\left(\dfrac{2}{5}\right)^x$ b) $\lim\limits_{x\to-\infty}\left(\dfrac{2}{5}\right)^x$

La forma del límite en a) es $\left(\dfrac{2}{5}\right)^{+\infty}$ y la función tiende a cero. En b) se tiene $\left(\dfrac{2}{5}\right)^{-\infty}$ y la función crece sin límite.

Luego a) $\lim\limits_{x\to+\infty}\left(\dfrac{2}{5}\right)^x = 0$ b) $\lim\limits_{x\to-\infty}\left(\dfrac{2}{5}\right)^x = +\infty$

Verificar haciendo una tabla de valores y los gráficos correspondientes.

EJEMPLO 9)

Calcular a) $\lim\limits_{x\to+\infty}\dfrac{1}{x}$ b) $\lim\limits_{x\to-\infty}\dfrac{1}{x}$

Si se construye una tabla de valores o si se grafica la función $f(x)=\dfrac{1}{x}$ se observará que en ambos casos el límite de la misma es cero.

La forma del límite es $\dfrac{1}{+\infty}$ en a) y $\dfrac{1}{-\infty}$ en b)

Luego a) $\lim\limits_{x\to+\infty}\dfrac{1}{x}=0$ b) $\lim\limits_{x\to-\infty}\dfrac{1}{x}=0$

EJEMPLO 10)

Hallar $\lim\limits_{x\to+\infty}\dfrac{4x^2+3x-1}{1+2x+6x^2}$

El numerador y denominador tienden a $+\infty$; luego efectuamos la siguiente transformación

$$\lim_{x\to+\infty}\frac{4x^2+3x-1}{1+2x+6x^2}=\lim_{x\to+\infty}\frac{x^2\left(4+\dfrac{3}{x}-\dfrac{1}{x^2}\right)}{x^2\left(\dfrac{1}{x^2}+\dfrac{2}{x}+6\right)}=\lim_{x\to+\infty}\frac{4+\dfrac{3}{x}-\dfrac{1}{x^2}}{\dfrac{1}{x^2}+\dfrac{2}{x}+6}=\frac{4+0-0}{0+0+6}=\frac{2}{3}$$

LÍMITE Y CONTINUIDAD

EJEMPLO 11)

Evaluar $\lim\limits_{x \to +\infty} \dfrac{\ln x}{x}$

Para valores crecientes de x el límite de la función es cero. Verifíquese mediante una tabla de valores. Luego

$$\lim\limits_{x \to +\infty} \dfrac{\ln x}{x} = 0$$

EJEMPLO 12)

Hallar a) $\lim\limits_{x \to 4^+} \dfrac{1}{x-4}$ b) $\lim\limits_{x \to 4^-} \dfrac{1}{x-4}$

Si se construye una tabla de valores se observará que los valores de la función crecen indefinidamente en a) y decrecen en b).

En a), el límite del denominador tiende a 0 a través de valores positivos, luego

$$\lim\limits_{x \to 4^+} \dfrac{1}{x-4} = +\infty$$

En b), el límite del denominador tiende a 0 a través de valores negativos, luego $\lim\limits_{x \to 4^-} \dfrac{1}{x-4} = -\infty$

EJEMPLO 13)

Si $f(x) = e^{1/x}$ calcular el límite para a) $x \to 0^+$; b) $x \to 0^-$; c) $x \to +\infty$ y d) $x \to -\infty$

En a) $\dfrac{1}{x} \to +\infty$, luego $\lim\limits_{x \to 0^+} e^{1/x} = +\infty$

En b) $\dfrac{1}{x} \to -\infty$, luego $\lim\limits_{x \to 0^+} e^{1/x} = 0$

En c) y en d) el límite de la función es 1; pues el exponente tiende a 0.

EJEMPLO 14)

Calcular $\lim\limits_{x \to +\infty} (x^3 + 1)^{x-2}$

El límite de la base y del exponente de la función es $+\infty$. La forma del límite es $+\infty^{+\infty}$

Luego $\lim\limits_{x \to +\infty} (x^3 + 1)^{x-2} = +\infty$

PROPIEDADES DEL LÍMITE

EJEMPLO 15)

Hallar $\lim\limits_{x\to 0^+} \sqrt[x]{100x}$

Se puede escribir $\lim\limits_{x\to 0^+} \sqrt[x]{100x} = \lim\limits_{x\to 0^+} (100x)^{1/x}$

El límite de la base de la función es 0 y el exponente tiende a $+\infty$. La forma del límite es $0^{+\infty}$. Luego $\lim\limits_{x\to 0^+} \sqrt[x]{100x} = 0$

EJEMPLO 16)

Calcular $\lim\limits_{x\to 1^+} \dfrac{\log(x-1)}{1-x}$

El numerador $\log(x-1)$ tiende a $-\infty$ y el denominador $1-x$ tiende a 0 mediante valores negativos cuando x se aproxima a 1 por derecha. Si se efectúa una tabla de valores se observará que la función crece sin límite. Luego

$$\lim\limits_{x\to 1^+} \dfrac{\log(x-1)}{1-x} = +\infty$$

Teorema de Intercalación

Sean las funciones $f(x)$; $g(x)$ y $h(x)$ definidas en un intervalo abierto que contiene a a excepto posiblemente en $x = a$, si $\lim\limits_{x\to a} f = \lim\limits_{x\to a} g = L$ y además $f \leq h \leq g$ entonces $\lim\limits_{x\to a} h = L$

EJEMPLO 17)

Hallar $\lim\limits_{x\to 0} h(x)$ si $1 - x^2 \leq h(x) \leq |x| + 1$

Haciendo $f(x) = 1 - x^2$ y $g(x) = |x| + 1$ resulta

$$\lim\limits_{x\to 0} f(x) = \lim\limits_{x\to 0} g(x) = 1$$

y como $f(x) \leq h(x) \leq g(x)$ se tiene $\lim\limits_{x\to 0} h(x) = 1$

EJEMPLO 18)

Hallar $\lim\limits_{x\to -2} h(x)$ si $|h(x) + 5| \leq (x+2)^2$

De la desigualdad dada resulta $-(x+2)^2 \leq h(x) + 5 \leq (x+2)^2$

LÍMITE Y CONTINUIDAD

$$-(x+2)^2 - 5 \leq h(x) \leq (x+2)^2 - 5$$

Haciendo $f(x) = -(x+2)^2 - 5$ y $g(x) = (x+2)^2 - 5$, se tiene

$$\lim_{x \to -2} f(x) = \lim_{x \to -2} g(x) = -5$$

y como $f(x) \leq h(x) \leq g(x)$ resulta $\lim_{x \to -2} h(x) = -5$

EJEMPLO 19)

Hallar $\lim_{x \to 0} x^4 \operatorname{sen} \dfrac{\pi}{x}$

Para $x \neq 0$ resulta $-1 \leq \operatorname{sen} \dfrac{\pi}{x} \leq 1$, luego

$$-x^4 \leq x^4 \operatorname{sen} \dfrac{\pi}{x} \leq x^4$$

Si $f(x) = -x^4$ y $g(x) = x^4$ se tiene

$$\lim_{x \to 0} f(x) = \lim_{x \to 0} g(x) = 0$$

Luego por el teorema de intercalación resulta

$$\lim_{x \to 0} x^4 \operatorname{sen} \dfrac{\pi}{x} = 0$$

Nótese que no puede calcularse los límites por separado de x^4 y de $\operatorname{sen} \dfrac{\pi}{x}$ pues esta última función oscila entre -1 y 1; es decir, está acotada. No obstante el límite del producto es 0.

En general, cada vez que se tenga una función que tienda a 0 y la otra esté acotada el limite del producto siempre es nulo como consecuencia del teorema de intercalación.

PROPIEDADES DEL LÍMITE

EJERCICIOS 2

Calcular los límites de las siguientes funciones utilizando las propiedades cuando sea posible.

1) $\lim\limits_{x \to 2} (4x^2 - 3x + 1)$

2) $\lim\limits_{x \to -1/10} 10^{50}$

3) $\lim\limits_{x \to -2} (3x-1)(3x+2)$

4) $\lim\limits_{x \to 0} ((1+x)(1+2x) - 2x^2)$

5) $\lim\limits_{x \to 1/3} \left(\dfrac{3}{x} + \dfrac{9}{x^2}\right)$

6) $\lim\limits_{x \to -4} \left(\dfrac{x+2}{x-3}\right)^2$

7) $\lim\limits_{x \to 2} \sqrt{x+1} - \sqrt{x^2-1}$

8) $\lim\limits_{x \to 1} \left(\dfrac{x^2 - 6x + 1}{-2x}\right)^{x+3}$

9) $\lim\limits_{x \to 1} \left(\dfrac{x^2 - 6x + 1}{-2x}\right)^{x+3}$

10) $\lim\limits_{x \to 1} \dfrac{(1+x)^{1+x}}{1+x}$

11) $\lim\limits_{x \to 0} \dfrac{\ln(x^2 + x + 1)}{\ln(x+e)}$

12) $\lim\limits_{x \to 0} (1 + \cos x)^{\ln(1+x)}$

13) $\lim\limits_{x \to \pi/2} \dfrac{\sen(2x)}{1 + \cos x}$

14) $\lim\limits_{x \to -\pi} \dfrac{tgx + \sec x}{\cos^2 x}$

15) $\lim\limits_{x \to 0} \dfrac{e^x - e^{-x}}{2}$

16) $\lim\limits_{x \to 5} \log_x (x+3)$

17) $\lim\limits_{x \to 2} \dfrac{x^2 - 5x + 6}{x - 2}$

18) $\lim\limits_{x \to -3} \dfrac{x^3 + 3x^2 - x - 3}{x^2 + x - 6}$

19) $\lim\limits_{x \to 0} \dfrac{1}{\sen^2 x}$

20) $\lim\limits_{x \to 0} (1 - \cos x)^{1/x^2}$

21) $\lim\limits_{x \to 1} \sqrt{\dfrac{1}{(x-1)^2}}$

22) $\lim\limits_{x \to 0.1} \dfrac{\log x^2}{x^2 - 0.01}$

LÍMITE Y CONTINUIDAD

23) $\lim\limits_{x \to 0} \dfrac{e^{\frac{1}{|x|}}}{|senx|}$

24) $\lim\limits_{x \to 0} \dfrac{1}{|x|} \ln|x|$

25) $\lim\limits_{x \to +\infty} \dfrac{1}{x^2 + 2x + 3}$

26) $\lim\limits_{x \to -\infty} (x^3 + 3x)$

27) $\lim\limits_{x \to -\infty} \left(\dfrac{x^4}{2} + 1\right)^2$

28) $\lim\limits_{x \to +\infty} \sqrt{x}(x+1)^3$

29) $\lim\limits_{x \to -\infty} \dfrac{\sqrt[3]{x}}{\frac{1}{x}}$

30) $\lim\limits_{x \to +\infty} \dfrac{e^{-x}}{\ln x}$

31) $\lim\limits_{x \to +\infty} x^x$

32) $\lim\limits_{x \to +\infty} \left(\dfrac{1}{x}\right)^x$

33) $\lim\limits_{x \to +\infty} \left(\left(\dfrac{1}{5}\right)^x + 4^{-x} - 2\right)$

34) $\lim\limits_{x \to -\infty} (e^{-x} + 1)(e^x - 1)$

35) $\lim\limits_{x \to +\infty} \dfrac{3^x - 3^{-x}}{9^x}$

36) $\lim\limits_{x \to -\infty} \dfrac{10^x - 1}{10^x + 1}$

37) $\lim\limits_{x \to +\infty} \sqrt[x]{2}$

38) $\lim\limits_{x \to -\infty} \left(\dfrac{1}{x^2}\right)^{x+1}$

39) $\lim\limits_{x \to +\infty} \dfrac{x^2 - 1}{1 - x}$

40) $\lim\limits_{x \to +\infty} \ln\left(\dfrac{x}{x+1}\right)$

41) $\lim\limits_{x \to +\infty} \dfrac{\ln(arctgx)}{x}$

42) $\lim\limits_{x \to -\infty} (e^{\tanh x + 1} - x)$

43) $\lim\limits_{x \to +\infty} \dfrac{1}{\text{argcoth } x}$

44) $\lim\limits_{x \to +\infty} \sec h((\arg senhx)^x)$

45) $\lim\limits_{x \to -\infty} \dfrac{e^{-\cosh x} + e^{-senhx}}{2}$

46) $\lim\limits_{x \to +\infty} (\text{argcosh } x)^{\coth x}$

47) $\lim\limits_{x \to +\infty} \dfrac{1}{\frac{\pi}{2} - arcsec\, x}$

48) $\lim\limits_{x \to +\infty} \dfrac{arc\cos ecx}{1 + \ln x}$

PROPIEDADES DEL LÍMITE

Calcular los siguientes límites laterales.

49) $\lim\limits_{x \to 2^-} \dfrac{x}{x-2}$

50) $\lim\limits_{x \to 3^+} \dfrac{4-x}{2x-6}$

51) $\lim\limits_{x \to -1^+} \dfrac{x+1}{x^2-1}$

52) $\lim\limits_{x \to 2^+} \dfrac{x-10}{x^2-12x+20}$

53) $\lim\limits_{x \to 0^+} \dfrac{|-x|}{2x}$

54) $\lim\limits_{x \to 1^+} [x^2]$

55) $\lim\limits_{x \to -3^-} [x-1]$

56) $\lim\limits_{x \to -2^+} [x] - x$

57) $\lim\limits_{x \to 8^+} e^{\frac{1}{x-8}}$

58) $\lim\limits_{x \to \frac{1}{2}^-} 2^{\frac{x}{x-\frac{1}{2}}}$

59) $\lim\limits_{x \to 1^+} \ln(x-1)$

60) $\lim\limits_{x \to -3^+} e^{\ln(3+x)}$

61) $\lim\limits_{x \to 0^-} \left(\left(\dfrac{1}{x}\right)^2 \cdot 4^{-\frac{1}{x}}\right)$

62) $\lim\limits_{x \to 0^-} \dfrac{1}{\operatorname{sen} x} \ln(-x)$

63) $\lim\limits_{x \to 1^+} \sqrt[x-1]{\dfrac{1}{x-1}}$

64) $\lim\limits_{x \to 0^+} \left(\dfrac{1}{x}\right)^{\ln x}$

65) $\lim\limits_{x \to \frac{\pi}{2}^+} \left(\operatorname{tg} x + \dfrac{1}{\frac{\pi}{2}-x}\right)$

66) $\lim\limits_{x \to \frac{\pi}{2}^-} (\sec x + \operatorname{sen} x)^3$

67) $\lim\limits_{x \to 0^+} \dfrac{\cosh x}{\operatorname{arcsen} x}$

68) $\lim\limits_{x \to 0^-} \dfrac{\operatorname{senh} x}{\cot g x}$

69) $\lim\limits_{x \to 1^+} \dfrac{1}{\operatorname{arg cosh} x}$

70) $\lim\limits_{x \to 0^-} |x|^{\frac{1}{\operatorname{arg senh} x}}$

71) $\lim\limits_{x \to -1^+} \dfrac{\tanh x}{\operatorname{arg tanh} x}$

72) $\lim\limits_{x \to 0^+} \dfrac{e^{\coth x}}{x}$

LÍMITE Y CONTINUIDAD

73) $\lim\limits_{x \to 0^-} (1 - \cos echx)^2$

74) $\lim\limits_{x \to 0^+} (1 - \arg\sec hx)(1 + \cot gx)$

75) $\lim\limits_{x \to -1^-} \dfrac{\left(e^{\arg\coth x} - 1\right)}{x+1}$

76) $\lim\limits_{x \to 0^+} \left(\dfrac{1}{3}\right)^{\arg cosec\, hx}$

77) $\lim\limits_{x \to 1^-} arctg\sqrt{\dfrac{1+x}{1-x}}$

78) $\lim\limits_{x \to 0^+} arc\cot g \sqrt[3]{\dfrac{1}{(a+x)^2 - a^2}} \quad a > 0$

79) $\lim\limits_{x \to 0^+} \ln\left(arcsen\sqrt{x}\right)$

80) $\lim\limits_{x \to 0^+} \ln\sqrt{\dfrac{1}{x} + \sqrt{\dfrac{1}{x}}}$

81) $\lim\limits_{x \to 0^-} \dfrac{\ln(chx)}{\cos ecx}$

82) $\lim\limits_{x \to -3^+} \ln\left(10^{-\ln(x+3)}\right)$

83) $\lim\limits_{x \to 0^+} \ln|\ln(tgx)|$

84) $\lim\limits_{x \to 0^+} \sqrt[x]{x + \dfrac{1}{x + \frac{1}{x}}}$

85) $\lim\limits_{x \to 1^+} \dfrac{sen(\pi x) + 1}{\cot g(\ln x)}$

86) $\lim\limits_{x \to 1^+} \dfrac{arc\cos ecx}{arc\sec x}$

Calcular los límites de las siguientes funciones según se indica.

87) $f(x) = \begin{cases} \dfrac{3x}{|4x|} & si \quad x < 0 \\ x+1 & si \quad x \geq 0 \end{cases} \quad x \to 0^+;\ x \to 0^-$

88) $f(x) = \begin{cases} e^{-x} & si \quad x \geq 0 \\ \dfrac{1}{x} - x & si \quad x < 0 \end{cases} \quad x \to 0^+;\ x \to 0^-$

89) $f(x) = \begin{cases} \dfrac{x^2 - 2x - 3}{x^2 - x - 2} & si \quad -1 < x < 2 \\ \sqrt[3]{\dfrac{1}{x+1}} & si \quad x \leq -1 \\ 10^{\ln x} & si \quad x \geq 2 \end{cases} \quad x \to -1^+;\ x \to -1^-;\ x \to 2^+;\ x \to 2^-$

PROPIEDADES DEL LÍMITE

90) $g(x) = \begin{cases} \dfrac{1}{arctgx} & si \quad x > 0 \\ 3x-1 & si \quad -1 \leq x < 0 \\ \cos x + senx & si \quad x = 0 \\ -senhx & si \quad x < -1 \end{cases}$ $\quad x \to -1^+; \; x \to -1^-; \; x \to 0^+; \; x \to 0^-$

91) $h(x) = \begin{cases} \dfrac{1}{x-1} & si \quad 0 < x < 1 \\ 3x & si \quad x \geq 1 \\ \dfrac{x^2-1}{x-1} & si \quad x < 0 \end{cases}$ $\quad x \to 0^-; \; x \to 0^+; \; x \to 1^-; \; x \to 1^+$

92) $f(x) = \begin{cases} \left(\dfrac{1}{x}\right)^{\ln x} & si \quad x > 0 \\ e^{1/x} & si \quad x < 0 \\ 1 & si \quad x = 0 \end{cases}$ $\quad x \to 0^-; \; x \to 0^+$

93) $f(x) = \begin{cases} \dfrac{1}{x^2-4x+4} & si \quad |x| > 2 \\ e^{\frac{1}{2-x}} & si \quad |x| < 2 \\ 100 & si \quad x = 2 \\ -100 & si \quad x = -2 \end{cases}$ $\quad x \to 2^-; \; x \to 2^+; \; x \to -2^-; \; x \to -2^+$

94) $g(x) = \begin{cases} \dfrac{senx \cos x}{\ln x} & si \quad x > 0 \\ (\ln|x|)^{|x|} & si \quad x < 0 \\ senhx \cosh x & si \quad x = 0 \end{cases}$ $\quad x \to 0^-; \; x \to 0^+$

LÍMITE Y CONTINUIDAD

95) $u(x) = \begin{cases} \dfrac{tgx}{x-\frac{\pi}{2}} & si \quad x > \dfrac{\pi}{2} \\ (\cos x)^{\ln(tgx)} & si \quad x < \dfrac{\pi}{2} \\ 10^x & si \quad x = \dfrac{\pi}{2} \end{cases} \qquad x \to \dfrac{\pi}{2}^- \; ; \; x \to \dfrac{\pi}{2}^+$

96) $h(x) = \begin{cases} \ln(senhx) & si \quad x > 0 \\ \dfrac{|x|}{x}+1 & si \quad x < 0 \\ \sec hx & si \quad x = 0 \end{cases} \qquad x \to 0^- \; ; \; x \to 0^+$

97) $g(x) = \begin{cases} \dfrac{x}{x-1}+\ln x & si \quad 0 < x < 1 \\ \dfrac{1}{\sqrt{x^2-x}} & si \quad 1 < x \\ [x] & si \quad x \leq 0 \\ arc\cos x & si \quad x = 1 \end{cases} \qquad x \to 0^- \; ; \; x \to 0^+ \; ; \; x \to 1^- \; ; \; x \to 1^+$

98) $f(x) = \begin{cases} \ln\left(1-\dfrac{1}{x}\right) & si \quad x < 0 \\ arcsenx & si \quad 0 \leq x \leq 1 \\ \dfrac{1}{2}\cos ec(\pi x) & si \quad x > 1 \end{cases} \qquad x \to 0^- \; ; \; x \to 0^+ \; ; \; x \to 1^- \; ; \; x \to 1^+$

99) $u(x) = \begin{cases} \left(\dfrac{1}{x}+1\right)^{-\frac{1}{x}} & si \quad x > 0 \\ arctgx & si \quad x \leq 0 \end{cases} \qquad x \to 0^- \; ; \; x \to 0^+$

100) $g(x) = \begin{cases} \log(x^2-9) & si \quad |x| > 3 \\ 1-x^4 & si \quad |x| < 3 \\ -1 & si \quad x = 3 \\ 1 & si \quad x = -3 \end{cases} \qquad x \to 3^- \; ; \; x \to 3^+ \; ; \; x \to -3^- \; ; \; x \to -3^+$

PROPIEDADES DEL LÍMITE

101) $h(x) = \begin{cases} \dfrac{1}{\sqrt{x+\sqrt{x+1}}} & si \quad x > 0 \\ \log(-x) & si \quad x < 0 \\ (1-\cos x)^{100} & si \quad x = 0 \end{cases}$ $\quad x \to 0^-; \; x \to 0^+$

102) $g(x) = \begin{cases} \dfrac{\log_{1/2} x}{-x} & si \quad x > 0 \\ \coth x & si \quad x < 0 \\ \tanh x & si \quad x = 0 \end{cases}$ $\quad x \to 0^-; \; x \to 0^+$

103) $f(x) = \begin{cases} (\arg\tanh x)^3 & si \quad -1 < x < 1 \\ \left(\dfrac{2}{7}\right)^{\arg\coth x} & si \quad x < -1 \\ \dfrac{\log x}{\log(x^2-1)} & si \quad x > 1 \end{cases}$ $\quad x \to 1^+; \; x \to 1^-; \; x \to -1^+; \; x \to -1^-$

104) $f(x) = \begin{cases} \dfrac{1}{\arg senhx} & si \quad x > 0 \\ (senhx)^{\frac{1}{1-\cosh x}} & si \quad x < 0 \\ 1 & si \quad x = 0 \end{cases}$ $\quad x \to 0^-; \; x \to 0^+$

105) $g(x) = \begin{cases} (\arg\cosh x)^{\frac{1}{x-1}} & si \quad x > 1 \\ (\arg\sec hx)^{\frac{1}{x}} & si \quad 0 < x \leq 1 \\ \arg\cos echx & si \quad x < 0 \end{cases}$ $\quad x \to 0^-; \; x \to 0^+; \; x \to 1^-; \; x \to 1^+$

106) $f(x) = \begin{cases} \tanh(\arg\cos echx) & si \quad x > 0 \\ \tanh(\cos echx) & si \quad x < 0 \end{cases}$ $\quad x \to 0^-; \; x \to 0^+$

107) $f(x) = \begin{cases} \operatorname{sech}\left(\ln\dfrac{1}{x}\right) & si \quad x > 0 \\ \ln(\operatorname{senh} x^2) & si \quad x < 0 \end{cases}$ \qquad $x \to 0^-;\ x \to 0^+$

108) $u(x) = \begin{cases} \dfrac{\operatorname{argsech}(\operatorname{sen} x)}{\ln\left(x - \frac{\pi}{2}\right)} & si \quad \pi > x \geq \dfrac{\pi}{2} \\ \operatorname{arctg}(\operatorname{tg} x) & si \quad 0 \leq x < \dfrac{\pi}{2} \end{cases}$ \qquad $x \to \pi^-;\ x \to 0^+;\ x \to \dfrac{\pi}{2}^-;\ x \to \dfrac{\pi}{2}^+$

109) $g(x) = \begin{cases} e^{\operatorname{argsenh}(\operatorname{cosec} x)} & si \quad x > 0 \\ e^{\operatorname{senh}(\operatorname{cotg} x)} & si \quad x < 0 \end{cases}$ \qquad $x \to 0^-;\ x \to 0^+$

110) $f(x) = \begin{cases} \arccos\left(\dfrac{1}{\operatorname{cosech} x}\right) & si \quad x > 0 \\ \dfrac{1}{1 - \cos(\operatorname{arcsen} x)} & si \quad x < 0 \end{cases}$ \qquad $x \to 0^-;\ x \to 0^+$

111) $f(x) = \begin{cases} 1 - \operatorname{tg}(\operatorname{arcsen} x) & si \quad -1 \leq x \leq 1 \\ \operatorname{arctg}(\operatorname{argcoth} x) & si \quad x > 1 \end{cases}$ \qquad $x \to 1^-;\ x \to 1^+;\ x \to -1^+$

112) $h(x) = \begin{cases} (\operatorname{argsenh} x)^{\operatorname{cosech} x} & si \quad x > 0 \\ \dfrac{\operatorname{arcsen}(1 + x)}{x} & si \quad -2 \leq x < 0 \end{cases}$ \qquad $x \to 0^-;\ x \to 0^+;\ x \to -2^+$

Aplicando el teorema de intercalación resolver los siguientes límites.

113) $\lim\limits_{x \to -1} h(x) \quad si \quad -2x^2 - 4x - 1 \leq h(x) \leq x^2 + 2x + 2$

114) $\lim\limits_{x \to 2} h(x) \quad si \quad 4\left(\dfrac{x^2}{4} - x + 1\right) \leq h(x) \leq 3(x^2 - 4x + 4)$

115) $\lim\limits_{x \to 3} h(x) \quad si \quad |4 - 2h(x)| \leq 5(x-3)^2$ \qquad **116)** $\lim\limits_{x \to 0} h(x) \quad si \quad |h(x) - 3| \leq 2|x|$

117) $\lim\limits_{x \to 0} x^4 \cos\dfrac{1}{x}$ \qquad\qquad **118)** $\lim\limits_{x \to \pi} (x - \pi)^4 \operatorname{sen}\dfrac{1}{(\pi - x)^2}$

PROPIEDADES DEL LÍMITE

119) $\lim\limits_{x \to 0} \sqrt[3]{x^2} \cos\left(x + \dfrac{1}{x^2}\right)$

120) $\lim\limits_{x \to 0} \dfrac{x^2}{4} sen\left(\ln x^2\right)$

121) $\lim\limits_{x \to 0} \dfrac{e^{x^2 sen\frac{2\pi}{x}}}{x^2}$

122) $\lim\limits_{x \to 0} \dfrac{|x|sen\left(x + \dfrac{1}{x^4}\right)}{senhx + \cosh x}$

Analizar si existen los siguientes límites y en tal caso calcularlos.

123) $\lim\limits_{x \to +\infty} \dfrac{1}{x} \cos(2x)$

124) $\lim\limits_{x \to -\infty} \dfrac{1}{x} sen(x+1)$

125) $\lim\limits_{x \to +\infty} \dfrac{x}{\sec x}$

126) $\lim\limits_{x \to +\infty} \dfrac{1}{x} \cos^3\left(\dfrac{1}{x}\right)$

127) $\lim\limits_{x \to 0^-} x^3 sen^2\left(\dfrac{1}{x}\right)$

128) $\lim\limits_{x \to 0^-} tgx \cos\left(\dfrac{\pi}{x}\right)$

129) $\lim\limits_{x \to \pi^+} (\pi - x)\cos(\ln(x - \pi))$

130) $\lim\limits_{x \to 1^+} \ln x\, sen\left(x - \dfrac{1}{x-1}\right)$

131) $\lim\limits_{x \to +\infty} senx! \quad x \in N$

132) $\lim\limits_{x \to +\infty} (-1)^x \dfrac{(x+2)}{x} \quad x \in N$

133) $\lim\limits_{x \to +\infty} senx \cos x$

134) $\lim\limits_{x \to +\infty} \dfrac{1}{x}\left(\dfrac{\pi}{2} - arctgx\right)$

135) $\lim\limits_{x \to +\infty} \dfrac{sen(3x)}{5x}$

136) $\lim\limits_{x \to +\infty} \cos\left(\dfrac{\pi}{2} x\right) \quad x \in N$

137) $\lim\limits_{x \to +\infty} \dfrac{1}{x} tgx$

138) $\lim\limits_{x \to +\infty} \dfrac{2x + \cos x}{x - senx}$

139) $\lim\limits_{x \to +\infty} \cos(100x)\left(1 - \dfrac{1}{x^2}\right)^{-6x^3}$

140) $\lim\limits_{x \to \pi/2^-} \sec^2 x \cos ec^2 x$

Ejercicios diversos

Hallar los valores de *t* tales que cumplan las siguientes relaciones.

141) $\lim\limits_{x \to t} \dfrac{3}{x+5} > 0$

142) $\lim\limits_{x \to t} \dfrac{4x-1}{5} < 0$

LÍMITE Y CONTINUIDAD

143) $\lim\limits_{x \to t}(x^2 - 2x - 2) > 1$

144) $\lim\limits_{x \to t}(5 - \sqrt{x+3}) < 3$

145) $\lim\limits_{x \to t} \dfrac{4x+1}{2x-1} \leq 0$

146) $\lim\limits_{x \to t} \dfrac{x^2 - x - 6}{x-1} \geq 0$

147) $\lim\limits_{x \to t}(\sqrt{x+1} - \sqrt{x}) < 2$

148) $\lim\limits_{x \to t}(\sqrt{2x+1} - \sqrt{5(x+1)}) = -2$

149) Cuál es el valor de m para que exista el $\lim\limits_{x \to 1} f(x)$ siendo

$$f(x) = \begin{cases} 3x + 2m & si \quad x \geq 1 \\ (x+m)^2 & si \quad x < 1 \end{cases}$$

150) Hallar m y n para que $\lim\limits_{x \to 1} f(x)$ y $\lim\limits_{x \to 4} f(x)$ existan; siendo

$$f(x) = \begin{cases} m - n + x & si \quad x < 1 \\ 2m + nx & si \quad 1 \leq x < 4 \\ m - \dfrac{1}{2}x & si \quad x \geq 4 \end{cases}$$

151) Sean $f(x) = \begin{cases} \dfrac{x}{2} + 1 & si \ 0 \leq x \leq 2 \\ 3 & si \ x > 2 \end{cases}$ y $g(x) = \begin{cases} 4 - 2x & si \ 0 \leq x \leq 2 \\ x^2 - 5 & si \ x > 2 \end{cases}$

determinar si existe a) $\lim\limits_{x \to 2}(f(x) + g(x))$ b) $\lim\limits_{x \to 2}(f(x).g(x))$

152) Sea $f(x) = \dfrac{|x|}{x}$ determinar si existen los siguientes límites.

a) $\lim\limits_{x \to 0}(f(x) + 1)$ b) $\lim\limits_{x \to 0}|f(x) + 1|$

Proponer una fórmula para $f(x)$ y $g(x)$ para que cumplan las siguientes condiciones.

153) $\lim\limits_{x \to 2} f(x) = 5$

154) $\lim\limits_{x \to 2^+} f(x) = +\infty$

155) $\lim\limits_{x \to 2^-} f(x) = -\infty$

156) $\lim\limits_{x \to 2} f(x)g(x) = 5$

PROPIEDADES DEL LÍMITE

157) $\lim\limits_{x \to +\infty} f(x) = 1$

158) $\lim\limits_{x \to -\infty} f(x) = 1$

159) $\lim\limits_{x \to +\infty} f(x) = -\infty$

160) $\lim\limits_{x \to -\infty} f(x) = -\infty$

161) $\lim\limits_{x \to +\infty} (f(x) + g(x)) = -100$

162) $\lim\limits_{x \to +\infty} (g(x) - 1) = +\infty$

163) $\lim\limits_{x \to -\infty} \sqrt{1 + f(x)} = +\infty$

164) $\lim\limits_{x \to -\infty} \dfrac{2f(x) + 3g(x)}{2} = +\infty$

165) $\lim\limits_{x \to 1/2^+} f(x)g(x) = -\infty$

166) $\lim\limits_{x \to 0^-} \left(f(x) - \dfrac{1}{g(x)} \right) = +\infty$

167) $\lim\limits_{x \to 0^+} f(x)^{g(x)} = 30$

168) $\lim\limits_{x \to 0^+} f(x)^{g(x)} = 0$

169) $\lim\limits_{x \to 0^+} f(x)^{g(x)} = +\infty$

170) $\lim\limits_{x \to 0^+} f(x)^{g(x)+1} = -\infty$

LÍMITE Y CONTINUIDAD

3

FORMAS INDETERMINADAS

Indeterminaciones

Las expresiones $\dfrac{0}{0}$; $\dfrac{+\infty}{+\infty}$; $+\infty - \infty$; $0.(+\infty)$; $1^{+\infty}$; 0^0 y $(+\infty)^0$ son formas indeterminadas de límites. Deben considerarse también las distintas posibilidades en cuanto a la combinación de signos que se presentan como por ejemplo $\dfrac{+\infty}{-\infty}$; $-\infty + \infty$; $1^{-\infty}$; etc. Estas indeterminaciones pueden resolverse efectuando ciertas transformaciones que trataremos enseguida.

En diversos casos es conveniente tener en cuenta ciertos límites particulares que se indican a continuación y que no demostramos aquí.

Límites notables

$$\lim_{u \to 0} \frac{sen\, u}{u} = 1 \qquad\qquad \lim_{u \to 0} \frac{\ln(1+u)}{u} = 1$$

$$\lim_{u \to \infty} \left(1 + \frac{1}{u}\right)^u = e \qquad\qquad \lim_{u \to 0} (1+u)^{1/u} = e$$

$$\lim_{u \to 0} \frac{a^u - 1}{a} = \ln a\, ; \quad a > 0 \qquad\qquad \lim_{u \to +\infty} \frac{\ln u}{u} = 0$$

Presentamos ahora las indeterminaciones.

3.1 *Indeterminación* $\dfrac{0}{0}$

EJEMPLO 1)

$$\lim_{x \to 1} \frac{x^4 - 4x^3 - x^2 + 16x - 12}{x^2 - 1}$$

El numerador y denominador de la función propuesta tienden a 0 cuando

$x \to 1$. La forma del límite es del tipo $\dfrac{0}{0}$; entonces factorizamos los polinomios para eliminar la indeterminación. Esta eliminación se logra si encontramos un factor tanto en el numerador como en el denominador que pueda cancelarse.

$$\lim_{x \to 1} \frac{x^4 - 4x^3 - x^2 + 16x - 12}{x^2 - 1} = \lim_{x \to 1} \frac{(x-1)(x^3 - 3x^2 - 4x + 12)}{(x-1)(x+1)} =$$

$$= \lim_{x \to 1} \frac{x^3 - 3x^2 - 4x + 12}{x + 1} = 3$$

Nótese que el factor que cancelamos es $x - 1$ y que 1 es raíz de los polinomios.

EJEMPLO 2)

$$\lim_{x \to -2^-} \frac{x^3 + 2x^2 - x - 2}{x^4 + 4x^3 + 4x^2}$$

También aquí observamos que -2 es raíz de ambos polinomios, entonces

$$\lim_{x \to -2^-} \frac{x^3 + 2x^2 - x - 2}{x^2 + 4x + 4} = \lim_{x \to -2^-} \frac{(x+2)(x^2 - 1)}{(x+2)^2} = \lim_{x \to -2^-} \frac{(x-1)(x+1)}{x+2} = -\infty$$

EJEMPLO 3)

$$\lim_{x \to 3} \frac{(x^2 + 2x - 15)^{40}}{(x^2 - 2x - 3)^{75}}$$

En este caso se tiene

$$\lim_{x \to 3} \frac{(x^2 + 2x - 15)^{40}}{(x^2 - 2x - 3)^{75}} = \lim_{x \to 3} \frac{((x-3)(x+5))^{40}}{((x-3)(x+1))^{75}} = \lim_{x \to 3} \frac{(x-3)^{40}(x+5)^{40}}{(x-3)^{75}(x+1)^{75}} =$$

$$= \lim_{x \to 3} \frac{(x-3)^{65}(x+5)^{40}}{(x+1)^{75}} = 0$$

EJEMPLO 4)

$$\lim_{x \to 0} \frac{(1+x)^n - (1+x^2)^m}{x^3 + x^2 + x}; \quad n \text{ y } m \text{ números naturales.}$$

Para calcular el límite efectuamos el desarrollo del binomio de Newton. Entonces

FORMAS INDETERMINADAS

$$(1+x)^n = 1 + nx + \frac{n(n-1)x^2}{2!} + \frac{n(n-1)(n-2)x^3}{3!} + \ldots + x^n$$

$$(1+x^2)^m = 1 + mx^2 + \frac{m(m-1)(x^2)^2}{2!} + \frac{m(m-1)(m-2)(x^2)^3}{3!} + \ldots + (x^2)^m$$

Restando las dos últimas igualdades, resulta

$$(1+x)^n - (1+x^2)^m = nx - mx^2 + \frac{n(n-1)x^2}{2!} - \frac{m(m-1)x^4}{2!} + \ldots$$

$$= x\left(n - mx + \frac{n(n-1)x}{2!} - \frac{m(m-1)x^3}{2!} + \ldots\right)$$

Por lo tanto

$$\lim_{x \to 0} \frac{(1+x)^n - (1+x^2)^m}{x^3 + x^2 + x} = \lim_{x \to 0} \frac{x\left(n - mx + \frac{n(n-1)x}{2!} - \frac{m(m-1)x^3}{2!} + \ldots\right)}{x(x^2 + x + 1)}$$

Cancelando x obtenemos

$$\lim_{x \to 0} \frac{(1+x)^n - (1+x^2)^m}{x^3 + x^2 + x} = n$$

EJEMPLO 5)

$\lim_{x \to 0} f(x)$ si $f(x) = \dfrac{x}{x + 1 + (x+1)^2 + \ldots + (x+1)^n - n}$ n es un número natural.

Para resolver este límite primero efectuamos el cambio de variable $t = x + 1$
Se observa que si $x \to 0$, entonces $t \to 1$; luego

$$\lim_{x \to 0} f(x) = \lim_{t \to 1} \frac{t-1}{t + t^2 + \ldots + t^n - n}$$

Pero el denominador puede factorizarse ya que es divisible por $t-1$. En efecto, aplicando la regla de Ruffini es

$$
\begin{array}{c|ccccccc}
 & 1 & 1 & 1 & 1 & \ldots & 1 & -n \\
1 & & 1 & 2 & 3 & \ldots & n-1 & n \\
\hline
 & 1 & 2 & 3 & 4 & \ldots & n & 0
\end{array}
$$

45

LÍMITE Y CONTINUIDAD

Se observa que se obtiene un polinomio de grado $n-1$; esto es
$t^{n-1} + 2t^{n-2} + 3t^{n-3} + \ldots + n$

Luego
$$\lim_{x \to 0} f(x) = \lim_{t \to 1} \frac{t-1}{(t-1)\left(t^{n-1} + 2t^{n-2} + 3t^{n-3} + \ldots + n\right)}$$

Cancelando el factor $t-1$, se tiene
$$\lim_{x \to 0} f(x) = \lim_{t \to 1} \frac{1}{t^{n-1} + 2t^{n-2} + 3t^{n-3} + \ldots + n} = \frac{1}{1+2+3+\ldots+n}$$

Pero $1+2+3+\ldots+n = \dfrac{(1+n)n}{2}$ pues es una serie aritmética.

Entonces
$$\lim_{x \to 0} f(x) = \frac{2}{(1+n)n}$$

EJEMPLO 6)

$$\lim_{x \to e} \frac{\ln^2 x + 2\ln x - 3}{1 - \ln^2 x}$$

En este caso efectuamos el cambio de variable $t = \ln x$. Se observa que si $x \to e$ resulta que $t \to 1$. Luego

$$\lim_{x \to e} \frac{\ln^2 x + 2\ln x - 3}{1 - \ln^2 x} = \lim_{t \to 1} \frac{t^2 + 2t - 3}{1 - t^2} = \lim_{t \to 1} \frac{(t-1)(t+3)}{(1-t)(1+t)} = \lim_{t \to 1} \frac{t+3}{-(1+t)} = -2$$

EJEMPLO 7)

$$\lim_{x \to 1/4} \frac{\sqrt{x} - \frac{1}{2}}{4x - 1}$$

Para eliminar la indeterminación, efectuamos la siguiente transformación.

$$\lim_{x \to 1/4} \frac{\sqrt{x} - \frac{1}{2}}{4x - 1} = \lim_{x \to 1/4} \frac{\left(\sqrt{x} - \frac{1}{2}\right)\left(\sqrt{x} + \frac{1}{2}\right)}{(4x-1)\left(\sqrt{x} + \frac{1}{2}\right)} = \lim_{x \to 1/4} \frac{x - \frac{1}{4}}{(4x-1)\left(\sqrt{x} + \frac{1}{2}\right)} =$$

$$= \lim_{x \to 1/4} \frac{4x - 1}{4(4x-1)\left(\sqrt{x} + \frac{1}{2}\right)} = \lim_{x \to 1/4} \frac{1}{4\left(\sqrt{x} + \frac{1}{2}\right)} = \frac{1}{4}$$

FORMAS INDETERMINADAS

EJEMPLO 8)

$$\lim_{x \to 1} \frac{1 - \sqrt[3]{x}}{1 - \sqrt{x}}$$

La indeterminación puede resolverse aplicando el cambio de variable $x = u^6$ (6 es múltiplo de los índices 2 y 3).

Si $x \to 1$ entonces $u \to 1$, luego

$$\lim_{x \to 1} \frac{1 - \sqrt[3]{x}}{1 - \sqrt{x}} = \lim_{u \to 1} \frac{1 - u^2}{1 - u^3} = \lim_{u \to 1} \frac{(1-u)(1+u)}{(1-u)(1+u+u^2)} = \lim_{u \to 1} \frac{1+u}{1+u+u^2} = \frac{2}{3}$$

EJEMPLO 9)

$$\lim_{x \to 0} f(x) \quad \text{si} \quad f(x) = \frac{\left(\sqrt{1+x} + 10x^2\right)^{100} - \left(\sqrt{1+x} - 10x^2\right)^{100}}{x^2}$$

Llamando $p = \sqrt{1+x^2} + 10x^2$ y $q = \sqrt{1+x^2} - 10x^2$, se tiene

$$f(x) = \frac{p^{100} - q^{100}}{x^2} = \frac{(p-q)\overbrace{(p^{99} + p^{98}q + p^{97}q^2 + \ldots + q^{99})}^{100 \text{ sumandos}}}{x^2}$$

Siendo

$$p - q = 20x^2$$

resulta

$$f(x) = \frac{20x^2 \left(\left(\sqrt{1+x} + 10x^2\right)^{99} + \ldots + \left(\sqrt{1+x} - 10x^2\right)^{99} \right)}{x^2}$$

$$f(x) = 20 \left(\left(\sqrt{1+x} + 10x^2\right)^{99} + \ldots + \left(\sqrt{1+x} - 10x^2\right)^{99} \right)$$

Luego

$$\lim_{x \to 0} f(x) = \lim_{x \to 0} 20 \left(\left(\sqrt{1+x} + 10x^2\right)^{99} + \ldots + \left(\sqrt{1+x} - 10x^2\right)^{99} \right)$$

$$\lim_{x \to 0} f(x) = 20(1 + 1 + \ldots + 1) = 20 \cdot 100 = 2000$$

EJEMPLO 10)

$$\lim_{x \to 0} \frac{\sqrt[3]{2x+1} - \sqrt[5]{x+1}}{x}$$

Efectuamos la siguiente transformación

$$\lim_{x\to 0}\frac{\sqrt[3]{2x+1}-\sqrt[5]{x+1}}{x}=\lim_{x\to 0}\frac{\sqrt[3]{2x+1}-1+1-\sqrt[5]{x+1}}{x}=$$

$$=\lim_{x\to 0}\left(\frac{\sqrt[3]{2x+1}-1}{x}+\frac{1-\sqrt[5]{x+1}}{x}\right)=\lim_{x\to 0}\frac{\sqrt[3]{2x+1}-1}{x}+\lim_{x\to 0}\frac{1-\sqrt[5]{x+1}}{x}$$

Calculamos el primer límite.

Llamando $p^3 = 2x+1 \Rightarrow x = \dfrac{p^3-1}{2}$. Nótese que cuando $x \to 0$ entonces $p \to 1$, luego

$$\lim_{x\to 0}\frac{\sqrt[3]{2x+1}-1}{x}=\lim_{p\to 1}\frac{p-1}{(p^3-1)/2}=$$

$$=\lim_{p\to 1}\frac{2(p-1)}{(p-1)(p^2+p+1)}=\lim_{p\to 1}\frac{2}{p^2+p+1}=\frac{2}{3} \qquad (1)$$

Para calcular el segundo límite, llamamos $q^5 = x+1 \Rightarrow x = q^5-1$

Nótese que si $x \to 0$ entonces $q \to 1$, luego

$$\lim_{x\to 0}\frac{1-\sqrt[5]{x+1}}{x}=\lim_{q\to 1}\frac{1-q}{q^5-1}=\lim_{q\to 1}-\frac{q-1}{(q-1)(q^4+q^3+q^2+q+1)}=$$

$$=\lim_{q\to 1}-\frac{1}{q^4+q^3+q^2+q+1}=-\frac{1}{5} \qquad (2)$$

Por lo tanto de (1) y (2) es $\lim_{x\to 0}\dfrac{\sqrt[3]{2x+1}-\sqrt[5]{x+1}}{x}=\dfrac{2}{3}-\dfrac{1}{5}=\dfrac{7}{15}$

EJEMPLO 11)

$$\lim_{x\to 2}\frac{\sqrt{3x+10}-4}{\sqrt[3]{x+6}-2}$$

Hacemos la siguiente transformación

$$\lim_{x\to 2}\frac{\sqrt{3x+10}-4}{\sqrt[3]{x+6}-2}=\lim_{x\to 2}\frac{\left(\sqrt{3x+10}-4\right)(x-2)}{\left(\sqrt[3]{x+6}-2\right)(x-2)}$$

Calculamos primero

$$\lim_{x\to 2}\frac{\sqrt{3x+10}-4}{x-2}=\lim_{x\to 2}\frac{3x+10-16}{(x-2)\left(\sqrt{3x+10}+4\right)}=$$

FORMAS INDETERMINADAS

$$= \lim_{x \to 2} \frac{3(x-2)}{(x-2)\left(\sqrt{3x+10}+4\right)} = \frac{3}{8}$$

El segundo límite podemos resolverlo haciendo el cambio de variable

$$q^3 = x+6 \quad \Rightarrow \quad x = q^3 - 6$$

$$\lim_{x \to 2} \frac{\sqrt[3]{x+6}-2}{x-2} = \lim_{q \to 2} \frac{q-2}{q^3-8} = \lim_{q \to 2} \frac{1}{q^2+2q+4} = \frac{1}{12}$$

Luego resulta

$$\lim_{x \to 2} \frac{\sqrt{3x+10}-4}{\sqrt[3]{x+6}-2} = \frac{3/8}{1/12} = \frac{9}{2}$$

EJEMPLO 12)

Verificar que $\lim_{x \to 0} \dfrac{\sqrt[k]{1+a_1 x+a_2 x^2+\ldots+a_n x^n}-1}{x} = \dfrac{a_1}{k}$ donde $k \in N$

Llamemos $A(x) = a_1 x + a_2 x^2 + a_3 x^3 + \ldots + a_n x^n$ y consideremos el cambio de variable $u^k = 1 + A(x)$, entonces

$$u^k - 1 = A(x) = x(a_1 + a_2 x + a_3 x^2 + \ldots + a_n x^{n-1}).$$

Luego

$$x = \frac{u^k - 1}{a_1 + a_2 x + a_3 x^2 + \ldots + a_n x^{n-1}}$$

Sobre la fracción $\dfrac{\sqrt[k]{1+A(x)}-1}{x}$, hagamos ahora las siguientes sustituciones

$$\frac{\sqrt[k]{1+A(x)}-1}{x} = \frac{\sqrt[k]{u^k}-1}{(u^k-1)/(a_1+a_2 x+a_3 x^2+\ldots+a_n x^{n-1})} =$$

$$= \frac{(u-1)(a_1+a_2 x+a_3 x^2+\ldots+a_n x^{n-1})}{u^k-1} =$$

$$= \frac{(u-1)(a_1+a_2 x+a_3 x^2+\ldots+a_n x^{n-1})}{(u-1)\underbrace{(u^{k-1}+u^{k-2}+\ldots+1)}_{k\ \text{tér min os}}} =$$

$$= \frac{a_1+a_2 x+a_3 x^2+\ldots+a_n x^{n-1}}{u^{k-1}+u^{k-2}+\ldots+1} \quad (1)$$

LÍMITE Y CONTINUIDAD

Pero $u^k = 1 + A(x) \Rightarrow u = \sqrt[k]{1+A(x)}$ y reemplazando en (1) es

$$\frac{\sqrt[k]{1+A(x)}-1}{x} = \frac{a_1 + a_2 x + a_3 x^2 + \ldots + a_n x^{n-1}}{(1+A(x))^{(k-1)/k} + (1+A(x))^{(k-2)/k} + \ldots + 1}$$

Tomando ahora el límite es

$$\lim_{x \to 0} \frac{\sqrt[k]{1+A(x)}-1}{x} = \lim_{x \to 0} \frac{a_1 + a_2 x + a_3 x^2 + \ldots + a_n x^{n-1}}{(1+A(x))^{(k-1)/k} + (1+A(x))^{(k-2)/k} + \ldots + 1} =$$

$$= \frac{a_1}{\underbrace{1+1+\ldots+1}_{k \text{ veces}}} = \frac{a_1}{k}$$

EJEMPLO 13)

$$\lim_{x \to 1} f(x) \quad \text{si} \quad f(x) = \frac{(\sqrt{x}-1)(\sqrt[3]{x}-1)(\sqrt[4]{x}-1)\ldots(\sqrt[n]{x}-1)}{(x-1)^{n-1}}$$

Haciendo $t = x - 1$, resulta

$$\lim_{x \to 1} f(x) = \lim_{t \to 0} \frac{(\sqrt{t+1}-1)(\sqrt[3]{t+1}-1)(\sqrt[4]{t+1}-1)\ldots(\sqrt[n]{t+1}-1)}{t^{n-1}}$$

$$= \lim_{t \to 0} \frac{\sqrt{t+1}-1}{t} \lim_{t \to 0} \frac{\sqrt[3]{t+1}-1}{t} \lim_{t \to 0} \frac{\sqrt[4]{t+1}-1}{t} \ldots \lim_{t \to 0} \frac{\sqrt[n]{t+1}-1}{t}$$

Pero por el ejemplo anterior, se tiene

$$\lim_{x \to 1} f(x) = \frac{1}{2} \cdot \frac{1}{3} \cdot \frac{1}{4} \ldots \frac{1}{n} \quad \Rightarrow \quad \lim_{x \to 1} f(x) = \frac{1}{n!}$$

EJEMPLO 14)

$$\lim_{x \to \pi} \frac{x^\pi - \pi^\pi}{x - \pi}$$

Haciendo cambio de variable $t = x - \pi$, es

$$\lim_{t \to 0} \frac{(t+\pi)^\pi - \pi^\pi}{t} = \lim_{t \to 0} \frac{\pi^\pi \left(\frac{(t+\pi)^\pi}{\pi^\pi} - 1\right)}{t} = \pi^\pi \lim_{t \to 0} \frac{\left(1+\frac{t}{\pi}\right)^\pi - 1}{t} \quad (1)$$

Teniendo en cuenta la fórmula del binomio de Newton, para exponente real

FORMAS INDETERMINADAS

$$(1+x)^m = 1 + mx + \frac{m(m-1)}{2!}x^2 + \frac{m(m-1)(m-2)}{3!}x^3 + \ldots$$

se tiene

$$\left(1+\frac{t}{\pi}\right)^\pi = 1 + \pi\frac{t}{\pi} + \frac{\pi(\pi-1)}{2!}\left(\frac{t}{\pi}\right)^2 + \frac{\pi(\pi-1)(\pi-2)}{3!}\left(\frac{t}{\pi}\right)^3 + \ldots$$

Luego en (1) es

$$\pi^\pi \lim_{t \to 0} \frac{\left(\left(1+\frac{t}{\pi}\right)^\pi - 1\right)}{t} = \pi^\pi \lim_{t \to 0} \frac{t + (\pi-1)\frac{t^2}{2\pi} + (\pi-1)(\pi-2)\frac{t^3}{6\pi^3} + \ldots}{t}$$

y simplificando por t, se obtiene $\lim\limits_{x \to \pi} \dfrac{x^\pi - \pi^\pi}{x - \pi} = \pi^\pi$

3.1.1 Indeterminación $\dfrac{0}{0}$ con el límite particular $\lim\limits_{u \to 0} \dfrac{sen\, u}{u} = 1$

EJEMPLO 15)

$$\lim_{x \to 0} \frac{tg\, x}{x}$$

Sabiendo que $\lim\limits_{x \to 0} \dfrac{sen\, x}{x} = 1$, y teniendo en cuenta que $tg\, x = \dfrac{sen\, x}{\cos x}$, resulta

$$\lim_{x \to 0} \frac{tg\, x}{x} = \lim_{x \to 0} \frac{\frac{sen\, x}{\cos x}}{x} = \lim_{x \to 0} \underbrace{\frac{sen\, x}{x}}_{\downarrow \atop 1} \cdot \frac{1}{\cos x} = 1 \cdot \frac{1}{\cos 0} = 1$$

EJEMPLO 16)

$$\lim_{x \to 0} \frac{sen(ax)}{tg(bx)} \quad a \text{ y } b \text{ constantes}; \; b \neq 0$$

Entonces $\lim\limits_{x \to 0} \dfrac{sen(ax)}{tg(bx)} = \lim\limits_{x \to 0} \dfrac{ax\, \overbrace{\dfrac{sen(ax)}{ax}}^{\downarrow \atop 1}}{bx\, \underbrace{\dfrac{tg(bx)}{bx}}_{\downarrow \atop 1}} = \dfrac{a}{b}$

51

LÍMITE Y CONTINUIDAD

EJEMPLO 17)

$$\lim_{x \to 0} \frac{1-\cos x}{x}$$

Puede resolverse la indeterminación efectuando la siguiente transformación

$$\lim_{x \to 0} \frac{1-\cos x}{x} = \lim_{x \to 0} \frac{(1-\cos x)(1+\cos x)}{x(1+\cos x)} = \lim_{x \to 0} \frac{1-\cos^2 x}{x(1+\cos x)} = \lim_{x \to 0} \frac{sen^2 x}{x(1+\cos x)} =$$

$$= \lim_{x \to 0} \frac{senx\,senx}{x(1+\cos x)} = \lim_{x \to 0} \frac{senx}{x} \cdot \frac{senx}{x} \cdot \frac{x}{(1+\cos x)} = 1.1.\frac{0}{1} = 0$$

EJEMPLO 18)

$$\lim_{x \to -2} \frac{sen(\pi x)}{x+2}$$

Haciendo el cambio de variable $t = x+2$ resulta $x = t-2$.

Si $x \to -2 \Rightarrow t \to 0$, luego

$$\lim_{x \to -2} \frac{sen(\pi x)}{x+2} = \lim_{t \to 0} \frac{sen(\pi(t-2))}{t} = \lim_{t \to 0} \frac{sen(\pi t - 2\pi)}{t}$$

Utilizando la identidad

$$sen(\alpha - \beta) = sen\alpha \cos\beta - \cos\alpha\, sen\beta$$

resulta

$$sen(\pi t - 2\pi) = sen(\pi t)\cos(2\pi) - \cos(\pi t)sen(2\pi) = sen(\pi t)$$

Luego

$$\lim_{t \to 0} \frac{sen(\pi t - 2\pi)}{t} = \lim_{t \to 0} \frac{sen(\pi t)}{t} = \lim_{t \to 0} \pi \cdot \frac{sen(\pi t)}{\pi t} = \pi.1 = \pi$$

Por lo tanto $\lim_{x \to -2} \frac{sen(\pi x)}{x+2} = \pi$

EJEMPLO 19)

$$\lim_{x \to \pi/4} \frac{tgx - 1}{senx - \cos x}$$

Primero hacemos $t = x - \frac{\pi}{4}$, luego

$$\lim_{x \to \pi/4} \frac{tgx - 1}{senx - \cos x} = \lim_{t \to 0} \frac{tg\left(t + \frac{\pi}{4}\right) - 1}{sen\left(t + \frac{\pi}{4}\right) - \cos\left(t + \frac{\pi}{4}\right)}$$

Para resolver el límite del segundo miembro utilizamos las identidades

FORMAS INDETERMINADAS

$$tg(\alpha+\beta)=\frac{tg\alpha+tg\beta}{1-tg\alpha\,tg\beta}$$

$$sen(\alpha+\beta)=sen\alpha\cos\beta+\cos\alpha\,sen\beta$$

$$\cos(\alpha+\beta)=\cos\alpha\cos\beta-sen\alpha\,sen\beta$$

Entonces

$$\lim_{t\to 0}\frac{tg\left(t+\frac{\pi}{4}\right)-1}{sen\left(t+\frac{\pi}{4}\right)-\cos\left(t+\frac{\pi}{4}\right)}=\lim_{t\to 0}\frac{\frac{tgt+1}{1-tgt}-1}{sent\frac{\sqrt{2}}{2}+\cos t\frac{\sqrt{2}}{2}-\cos t\frac{\sqrt{2}}{2}+sent\frac{\sqrt{2}}{2}}=$$

$$=\lim_{t\to 0}\frac{\frac{tgt+1-(1-tgt)}{1-tgt}}{2\frac{\sqrt{2}}{2}sent}=\lim_{t\to 0}\frac{2tgt}{(1-tgt)\sqrt{2}sent}=$$

$$=\lim_{t\to 0}\frac{2\frac{sent}{\cos t}}{(1-tgt)\sqrt{2}sent}=\frac{2}{\sqrt{2}}=\sqrt{2}$$

EJEMPLO 20)

$$\lim_{x\to w}\frac{senx-senw}{x-w}$$

Para resolver el límite empleamos la identidad trigonométrica

$$sen\alpha-sen\beta=2\cos\left(\frac{\alpha+\beta}{2}\right)sen\left(\frac{\alpha-\beta}{2}\right)$$

Entonces

$$\lim_{x\to w}\frac{senx-senw}{x-w}=\lim_{x\to w}\frac{2\cos\left(\frac{x+w}{2}\right)sen\left(\frac{x-w}{2}\right)}{x-w}$$

$$=\lim_{x\to w}\cos w\frac{sen\left(\frac{x-w}{2}\right)}{\frac{x-w}{2}}$$

Haciendo $t=x-w$, se tiene

$$\lim_{x\to w}\frac{senx-senw}{x-w}=\lim_{t\to 0}\cos w\underbrace{\frac{sen\left(\frac{t}{2}\right)}{\frac{t}{2}}}_{\downarrow\atop 1}=\cos w$$

EJEMPLO 21)

$$\lim_{x\to 0}\frac{tg(mx+t)-tgt}{mx}$$

53

LÍMITE Y CONTINUIDAD

Para resolver el límite empleamos la identidad trigonométrica
$$tg\alpha - tg\beta = \frac{sen(\alpha - \beta)}{\cos\alpha \cos\beta}$$

Entonces
$$\lim_{x\to 0}\frac{tg(mx+t)-tgt}{mx} = \lim_{x\to 0}\frac{sen(mx+t-t)}{mx\cos(mx+t)\cos t} = \lim_{x\to 0}\frac{sen(mx)}{mx\cos(mx+t)\cos t}$$

Por lo tanto
$$\lim_{x\to 0}\frac{tg(mx+t)-tgt}{mx} = \lim_{x\to 0}\frac{sen(mx)}{mx}\lim_{x\to 0}\frac{1}{\cos(mx+t)\cos t} = 1\cdot\frac{1}{\cos^2 t} = \sec^2 t$$

EJEMPLO 22)

$$\lim_{x\to 0}\frac{\cos(5x)-\cos(7x)}{x^2}$$

Para resolver el límite empleamos la identidad trigonométrica
$$\cos\alpha - \cos\beta = -2sen\left(\frac{\alpha+\beta}{2}\right)sen\left(\frac{\alpha-\beta}{2}\right)$$

Entonces
$$\lim_{x\to 0}\frac{\cos(5x)-\cos(7x)}{x^2} = \lim_{x\to 0}\frac{-2sen\left(\frac{5x+7x}{2}\right)sen\left(\frac{5x-7x}{2}\right)}{x^2} =$$

$$= \lim_{x\to 0}\frac{-2sen(6x)sen(-x)}{x^2} = \lim_{x\to 0}\frac{-2\frac{sen(6x)}{6x}6x\frac{sen(-x)}{(-x)}(-x)}{x^2} = 12$$

EJEMPLO 23)

$$\lim_{x\to 0}\frac{sen(t+2x)+sent-2sen(t+x)}{sen^2 x}$$

La indeterminación se resuelve utilizando la identidad
$$sen\alpha + sen\beta = 2sen\left(\frac{\alpha+\beta}{2}\right)\cos\left(\frac{\alpha-\beta}{2}\right)$$

Entonces $sen(t+2x)+sent = 2sen\left(\frac{t+2x+t}{2}\right)\cos\left(\frac{t+2x-t}{2}\right) =$

$$= 2sen(t+x)\cos x$$

FORMAS INDETERMINADAS

Luego

$$\lim_{x\to 0}\frac{sen(t+2x)+sent-2sen(t+x)}{sen^2 x}=\lim_{x\to 0}\frac{2sent(t+x)\cos x-2sen(t+x)}{sen^2 x}=$$

$$=\lim_{x\to 0}\frac{2sent(t+x)(\cos x-1)}{sen^2 x}=\lim_{x\to 0}\frac{2sen(t+x)(\cos^2 x-1)}{sen^2 x(\cos x+1)}=$$

$$=\lim_{x\to 0}\frac{2sen(t+x)(-sen^2 x)}{sen^2 x(\cos x+1)}=-\frac{2sent}{2}=-sent$$

EJEMPLO 24)

$$\lim_{x\to 0}\frac{\cos x\cos(2x)\cos(3x)-1}{7x^2}$$

Para poder resolver el límite necesitamos aplicar las siguientes identidades trigonométricas

$$\cos(\alpha+\beta)=\cos\alpha\cos\beta-sen\alpha\,sen\beta$$
$$sen(\alpha+\beta)=sen\alpha\cos\beta+\cos\alpha\,sen\beta$$
$$\cos^2\alpha=1-sen^2\alpha$$

Entonces

$$\cos(2x)=\cos(x+x)=\cos^2 x-sen^2 x$$
$$\cos(2x)=1-2sen^2 x \quad (1)$$

También

$$\cos(3x)=\cos(x+2x)=\cos x\cos(2x)-senx\,sen(2x)$$

pero $sen(2x)=sen(x+x)=2senx\cos x$

Luego es

$$\cos(3x)=\cos x(1-2sen^2 x)-2sen^2 x\cos x$$
$$\cos(3x)=\cos x(1-4sen^2 x) \quad (2)$$

Reemplazando (1) y (2) en el ejercicio dado es

$$\lim_{x\to 0}\frac{\cos x\cos(2x)\cos(3x)-1}{7x^2}=\lim_{x\to 0}\frac{\cos^2 x(1-2sen^2 x)(1-4sen^2 x)-1}{7x^2}$$

o bien

$$\lim_{x\to 0}\frac{\cos x\cos(2x)\cos(3x)-1}{7x^2}=\lim_{x\to 0}\frac{(1-sen^2 x)(1-2sen^2 x)(1-4sen^2 x)-1}{7x^2}$$

Después de efectuar las operaciones correspondientes en el numerador de la última igualdad, se tiene

LÍMITE Y CONTINUIDAD

$$\lim_{x\to 0}\frac{\cos x \cos(2x)\cos(3x)-1}{7x^2} = \lim_{x\to 0}\frac{-7sen^2 x+14sen^4 x-8sen^6 x}{7x^2} =$$

$$= \lim_{x\to 0}\frac{sen^2 x\left(-7+14sen^2 x-8sen^4 x\right)}{7x^2} =$$

$$= \frac{1}{7}\lim_{x\to 0}\frac{sen^2 x}{x^2}\lim_{x\to 0}\left(-7+14sen^2 x-8sen^4 x\right) =$$

$$= \frac{1}{7}\cdot 1 \cdot (-7) = -1$$

EJEMPLO 25)

$$\lim_{x\to 0}\frac{x^2}{\sqrt{1-\cos x}+senx}$$

En este caso

$$\lim_{x\to 0}\frac{x^2}{\sqrt{1-\cos x}+senx} = \lim_{x\to 0}\frac{x^2\left(\sqrt{1-\cos x}-senx\right)}{\left(\sqrt{1-\cos x}+senx\right)\left(\sqrt{1-\cos x}-senx\right)} =$$

$$= \lim_{x\to 0}\frac{x\left(\sqrt{1-\cos x}-senx\right)}{1-\cos x-sen^2 x} = \lim_{x\to 0}\frac{x\left(\sqrt{1-\cos x}-senx\right)}{1-\cos x-(1-\cos^2 x)} =$$

$$= \lim_{x\to 0}\frac{x^2\left(\sqrt{1-\cos x}-senx\right)}{\cos^2 x-\cos x} = \lim_{x\to 0}\frac{x^2\left(\sqrt{1-\cos x}-senx\right)}{\cos x(\cos x-1)} =$$

$$= \lim_{x\to 0}\frac{x^2\left(\sqrt{1-\cos x}-senx\right)(\cos x+1)}{\cos x(\cos x-1)(\cos x+1)} = \lim_{x\to 0}\frac{x^2\left(\sqrt{1-\cos x}-senx\right)(\cos x+1)}{\cos x\left(\cos^2 x-1\right)} =$$

$$= \lim_{x\to 0}\frac{\left(\sqrt{1-\cos x}-senx\right)(\cos x+1)}{-\cos x\underbrace{\frac{sen^2 x}{x^2}}_{1}} = \frac{0}{-1} = 0$$

EJEMPLO 26)

$$\lim_{x\to 0}\frac{arcsenx}{x}$$

Haciendo $y = arcsenx$ resulta $x = seny$. Nótese que si $x \to 0 \implies y \to 0$
Luego

FORMAS INDETERMINADAS

$$\lim_{x\to 0}\frac{arcsenx}{x} = \lim_{y\to 0}\frac{y}{seny} = \lim_{y\to 0}\frac{1}{\underset{\underset{1}{\downarrow}}{\frac{seny}{y}}} = 1$$

EJEMPLO 27)

$$\lim_{x\to a}\frac{arctgx - arctga}{x-a}$$

Haciendo $t = x - a$, resulta $\lim_{t\to 0}\dfrac{arctg(t+a) - arctga}{t}$

Utilizando ahora la identidad

$$arctg\alpha - arctg\beta = arctg\frac{\alpha - \beta}{1+\alpha\beta}$$

se tiene

$$\lim_{t\to 0}\frac{arctg(t+a) - arctga}{t} = \lim_{t\to 0}\frac{arctg\dfrac{t}{1+(t+a)a}}{t} \quad (1)$$

Puede verificarse, procediendo como en el ejemplo anterior, que

$$\lim_{u\to 0}\frac{arctgu}{u} = 1$$

En consecuencia el segundo miembro de la igualdad (1) se puede transformar en

$$\lim_{t\to 0}\frac{arctg\dfrac{t}{1+(t+a)a}}{t} = \lim_{t\to 0}\frac{arctg\dfrac{t}{1+(t+a)a}}{\underset{\underset{1}{\downarrow}}{\frac{t}{1+(t+a)a}}}\cdot\frac{1}{1+(t+a)a} = \frac{1}{1+a^2}$$

3.1.2 Indeterminación $\dfrac{0}{0}$ con los límites notables

$$\lim_{u \to 0} \frac{\ln(1+u)}{u} = 1 \quad y \quad \lim_{u \to 0} \frac{a^u - 1}{u} = \ln a$$

EJEMPLO 28)

$$\lim_{x \to 0} \frac{\ln(1+5x)}{2x}$$

La indeterminación es de la forma $\dfrac{0}{0}$ para eliminarla aplicaremos la igualdad

$$\lim_{u \to 0} \frac{\ln(1+u)}{u} = 1$$

Entonces

$$\lim_{x \to 0} \frac{\ln(1+5x)}{x} = \lim_{x \to 0} \underbrace{\frac{\ln(1+5x)}{5x}}_{\downarrow \; 1} \cdot 5 = 5$$

EJEMPLO 29)

$$\lim_{x \to h} \frac{\ln x - \ln h}{x - h}; \quad h > 0$$

Haciendo el cambio de variable $t = x - h$, se tiene

$$\frac{\ln x - \ln h}{x - h} = \frac{\ln(t+h) - \ln h}{t} = \frac{\ln\left(\frac{t+h}{h}\right)}{t} = \frac{\ln\left(1 + \frac{t}{h}\right)}{t}$$

Ahora, si $x \to h$, resulta que $t \to 0$; entonces

$$\lim_{x \to h} \frac{\ln x - \ln h}{x - h} = \lim_{t \to 0} \frac{\ln\left(1 + \frac{t}{h}\right)}{t} = \lim_{t \to 0} \frac{\ln\left(1 + \frac{t}{h}\right)}{\frac{t}{h} h} = \frac{1}{h} \lim_{t \to 0} \underbrace{\frac{\ln\left(1 + \frac{t}{h}\right)}{\frac{t}{h}}}_{\downarrow \; 1} = \frac{1}{h}$$

EJEMPLO 30)

$$\lim_{x \to 0} \frac{\ln(\cos(3x))}{\ln(\cos(5x))}$$

Hacemos las siguientes transformaciones

FORMAS INDETERMINADAS

$$\lim_{x \to 0} \frac{\ln(\cos(3x))}{\ln(\cos(5x))} = \lim_{x \to 0} \frac{\ln(1+\cos(3x)-1)}{\ln(1+\cos(5x)-1)} = \lim_{x \to 0} \frac{\frac{\ln(1+\cos(3x)-1)}{\cos(3x)-1}(\cos(3x)-1)}{\frac{\ln(1+\cos(5x)-1)}{\cos(5x)-1}(\cos(5x)-1)} =$$

$$= \lim_{x \to 0} \frac{\cos(3x)-1}{\cos(5x)-1} = \lim_{x \to 0} \frac{(\cos^2(3x)-1)(\cos 5x + 1)}{(\cos^2(5x)-1)(\cos(3x)+1)} =$$

$$= \lim_{x \to 0} \frac{(-\operatorname{sen}^2(3x))(\cos 5x + 1)}{(-\operatorname{sen}^2(5x))(\cos(3x)+1)} = \lim_{x \to 0} \frac{\frac{\operatorname{sen}^2(3x)}{9x^2} 9x^2 (\cos(5x)+1)}{\frac{\operatorname{sen}^2(5x)}{25x^2} 25x^2 (\cos(3x)+1)} = \frac{9}{25}$$

EJEMPLO 31)

Probar que a) $\lim_{u \to 0} \frac{e^u - 1}{u} = 1$ b) $\lim_{u \to 0} \frac{a^u - 1}{u} = \ln a$ donde $a > 0$

a) En el numerador se hace el cambio de variable $t = e^u - 1$

Ahora si $t = e^u - 1 \Rightarrow t + 1 = e^u \Rightarrow u = \ln(1+t)$.

Nótese que cuando $u \to 0$, $t \to 0$; luego

$$\lim_{u \to 0} \frac{e^u - 1}{u} = \lim_{t \to 0} \frac{t}{\ln(1+t)} = \lim_{t \to 0} \frac{1}{\frac{1}{t}\ln(1+t)} = \lim_{t \to 0} \frac{1}{\frac{\ln(1+t)}{t}} = 1$$

b) Análogamente como en a) se efectúa el cambio de variable $t = a^u - 1$,

resultando $\lim_{u \to 0} \frac{a^u - 1}{u} = \ln a$

EJEMPLO 32)

$$\lim_{x \to 0} \frac{3^{tgx} - 1}{7^x - 1}$$

Como se mostró, aplicamos el límite notable $\lim_{u \to 0} \frac{a^u - 1}{u} = \ln a$, entonces

LÍMITE Y CONTINUIDAD

$$\lim_{x\to 0}\frac{3^{tgx}-1}{7^x-1}=\lim_{x\to 0}\frac{\overset{\overset{\ln 3}{\uparrow}}{\frac{3^{tgx}-1}{tgx}}tgx}{\frac{7^x-1}{x}x}=\lim_{x\to 0}\frac{\ln 3}{\ln 7}\frac{tgx}{\underset{\underset{1}{\downarrow}}{x}}=\frac{\ln 3}{\ln 7}$$

$$\underset{\underset{\ln 7}{\downarrow}}{}$$

EJEMPLO 33)

$$\lim_{x\to 5}\frac{5^x-x^5}{x-5}$$

Efectuamos el cambio de variable $t = x - 5$, entonces

$$\lim_{x\to 5}\frac{5^x-x^5}{x-5}=\lim_{t\to 0}\frac{5^{t+5}-(t+5)^5}{t}=\lim_{t\to 0}\frac{5^t 5^5-\left(5\left(1+\tfrac{t}{5}\right)\right)^5}{t}=$$

$$=5^5\lim_{t\to 0}\frac{5^t-\left(1+5\left(\tfrac{t}{5}\right)+10\left(\tfrac{t}{5}\right)^2+10\left(\tfrac{t}{5}\right)^3+5\left(\tfrac{t}{5}\right)^4+\left(\tfrac{t}{5}\right)^5\right)}{t}=$$

$$=5^5\lim_{t\to 0}\frac{5^t-1-t\left(1+10\left(\tfrac{t}{5}\right)+10\left(\tfrac{t}{5}\right)^2+5\left(\tfrac{t}{5}\right)^3+\left(\tfrac{t}{5}\right)^4\right)}{t}=$$

$$=5^5\lim_{t\to 0}\underset{\underset{\ln 5}{\downarrow}}{\frac{5^t-1}{t}}-5^5\lim_{t\to 0}\frac{t\left(1+10\left(\tfrac{t}{5}\right)+10\left(\tfrac{t}{5}\right)^2+5\left(\tfrac{t}{5}\right)^3+\left(\tfrac{t}{5}\right)^4\right)}{t}$$

Luego

$$\lim_{x\to 5}\frac{5^x-x^5}{x-5}=5^5(\ln 5 -1)$$

EJEMPLO 34)

$$\lim_{x\to 0}\frac{a^{x+2}+b^{x+2}-a^2-b^2}{x}\ ;\ a>0\ y\ b>0$$

Entonces

FORMAS INDETERMINADAS

$$\lim_{x \to 0} \frac{a^{x+2} + b^{x+2} - a^2 - b^2}{x} = \lim_{x \to 0} \left(\frac{a^{x+2} - a^2}{x} + \frac{b^{x+2} - b^2}{x} \right) =$$

$$= \lim_{x \to 0} \left(\frac{a^2(a^x - 1)}{x} + \frac{b^2(b^x - 1)}{x} \right) = \lim_{x \to 0} a^2 \underbrace{\frac{a^x - 1}{x}}_{\downarrow \atop \ln a} + \lim_{x \to 0} b^2 \underbrace{\frac{b^x - 1}{x}}_{\downarrow \atop \ln b} =$$

$$= a^2 \ln a + b^2 \ln b$$

EJEMPLO 35)

Demostrar que $\lim\limits_{u \to 0} \dfrac{senh\, u}{u} = 1$

Teniendo en cuenta que $senh\, x = \dfrac{e^x - e^{-x}}{2}$ resulta que

$$\lim_{u \to 0} \frac{senh\, u}{u} = \lim_{u \to 0} \frac{e^u - e^{-u}}{2u} = \lim_{u \to 0} \left(\frac{e^u - 1}{2u} + \frac{1 - e^{-u}}{2u} \right) =$$

$$= \lim_{u \to 0} \frac{e^u - 1}{2u} - \lim_{u \to 0} \frac{e^{-u} - 1}{2u} \qquad (1)$$

El primer término de (1) que es $\lim\limits_{u \to 0} \dfrac{e^u - 1}{2u}$ se calcula según lo visto anteriormente. Luego

$$\lim_{x \to 0} \frac{1}{2} \underbrace{\frac{e^u - 1}{u}}_{\downarrow \atop 1} = \frac{1}{2}$$

Análogamente para el segundo término de (1) $\lim\limits_{u \to 0} \dfrac{e^{-u} - 1}{2u}$, se tiene

$$\lim_{x \to 0} \frac{1}{2} \underbrace{\frac{e^{-u} - 1}{-u}}_{\downarrow \atop 1} (-1) = -\frac{1}{2}$$

Luego en (1) es

$$\lim_{u \to 0} \frac{senh\, u}{u} = \frac{1}{2} - \left(-\frac{1}{2} \right) = 1$$

LÍMITE Y CONTINUIDAD

EJEMPLO 36)

$$\lim_{x\to 0}\frac{senh(x^2+2x)}{\tanh x}$$

Teniendo en cuenta que $\tanh x = \dfrac{senh x}{\cosh x}$, resulta

$$\lim_{x\to 0}\frac{senh(x^2+2x)}{\tanh x}=\lim_{x\to 0}\frac{\cosh x\, senh(x^2+2x)}{senh x}=\lim_{x\to 0}\cosh x \lim_{x\to 0}\frac{senh(x^2+2x)}{senh x}$$

Siendo $\lim_{x\to 0}\cosh x = 1$, nos queda sólo por calcular $\lim_{x\to 0}\dfrac{senh(x^2+2x)}{senh x}$ que lo haremos teniendo en cuenta el ejemplo anterior. Entonces

$$\lim_{x\to 0}\frac{senh(x^2+2x)}{senh x}=\lim_{x\to 0}\frac{\frac{senh(x^2+2x)}{x^2+2x}(x^2+2x)}{\frac{senh x}{x}x}=\lim_{x\to 0}\frac{x^2+2x}{x}=\lim_{x\to 0}\frac{x(x+2)}{x}=2$$

(numerador → 1, denominador → 1)

EJEMPLO 37)

$$\lim_{x\to 0}\frac{\cosh(y-x)-\cosh y}{x}$$

Para resolver el límite utilizamos las identidades

$$\cosh(a-b)=\cosh a \cosh b - senh a\, senh b$$

$$\cosh^2 a - senh^2 a = 1$$

Entonces

$$\lim_{x\to 0}\frac{\cosh(y-x)-\cosh y}{x}=\lim_{x\to 0}\frac{\cosh y \cosh x - senh y\, senh x - \cosh y}{x}=$$

$$=\lim_{x\to 0}\left(\frac{\cosh y(\cosh x - 1)}{x}-senh y\frac{senh x}{x}\right)=$$

$$=\lim_{x\to 0}\frac{\cosh y(\cosh x - 1)(\cosh x + 1)}{x(\cosh x + 1)}-senh y =$$

$$=\lim_{x\to 0}\frac{\cosh y(\cosh^2 x - 1)}{x(\cosh x + 1)}-senh y = \lim_{x\to 0}\frac{\cosh y\, senh^2 x}{x(\cosh x + 1)}-senh y =$$

$$=\lim_{x\to 0}\frac{\cosh y}{\cosh x + 1}\frac{senh^2 x}{x^2}x - senh y = 0 - senh y = -senh y$$

FORMAS INDETERMINADAS

EJERCICIOS 3.1

Resolver las indeterminaciones de la forma $\dfrac{0}{0}$

1) $\lim\limits_{x \to 5} \dfrac{4x-20}{x-5}$

2) $\lim\limits_{x \to 2} \dfrac{2-x}{2x-4}$

3) $\lim\limits_{x \to 0} \dfrac{x}{x^3-x}$

4) $\lim\limits_{x \to 0} \dfrac{x^4+x^2}{x^2}$

5) $\lim\limits_{x \to -1} \dfrac{x^4-1}{x^2-1}$

6) $\lim\limits_{x \to 3} \dfrac{2x^2-18}{54-6x^2}$

7) $\lim\limits_{x \to 3} \dfrac{x^2-5x+6}{x^2-2x-3}$

8) $\lim\limits_{x \to -2} \dfrac{2x^2-x-10}{x^2+7x+10}$

9) $\lim\limits_{x \to -3} \dfrac{x^2-5x-24}{(x+3)(x^2-6)}$

10) $\lim\limits_{x \to 6} \dfrac{(x-2)(x^2+36-12x)}{x^3-8x^2+12x}$

11) $\lim\limits_{x \to -4} \dfrac{x^3+3x^2+16}{x^3+64}$

12) $\lim\limits_{x \to 1} \dfrac{-x^4+x^3-3x^2+x+2}{x-x^3}$

13) $\lim\limits_{x \to 2} \dfrac{x^3-3x^2+4}{x^3-x^2-8x+12}$

14) $\lim\limits_{x \to -1} \dfrac{x^3+3x^2+3x+1}{(x+1)^3}$

15) $\lim\limits_{x \to 1} \dfrac{x^{10}-1}{x^5-1}$

16) $\lim\limits_{x \to 4} \dfrac{x^4-4^4}{x^5-4^5}$

17) $\lim\limits_{x \to -8} \dfrac{x^3+512}{x^2-64}$

18) $\lim\limits_{x \to \frac{1}{2}} \dfrac{\frac{1}{16}-x^4}{x^3-\frac{1}{8}}$

19) $\lim\limits_{x \to 2} \dfrac{32-x^5}{3x^3-24}$

20) $\lim\limits_{x \to -9} \dfrac{x^3+729}{x+9}$

LÍMITE Y CONTINUIDAD

21) $\lim\limits_{x \to 1} \dfrac{1-x^{99}}{1-x^{100}}$

22) $\lim\limits_{x \to 1} \dfrac{x^{225}-1}{1-x}$

23) $\lim\limits_{x \to -1} \dfrac{x^{100}+2x+1}{x^{19}+x+2}$

24) $\lim\limits_{x \to 1} \dfrac{x^{36}+4x-5}{x^{85}-3x+2}$

25) $\lim\limits_{x \to 1} \left(\dfrac{x^3-3x^2+2x}{x^2+2x-3} \right)^{\frac{x^2-1}{x^3-1}}$

26) $\lim\limits_{x \to 5} \left(\dfrac{x^3-125}{2x^2-50} \right)^{\frac{5-x}{x^2-25}}$

27) $\lim\limits_{h \to 0} \dfrac{(x+h)^2-x^2}{2xh}$

28) $\lim\limits_{h \to 0} \dfrac{(3+h)^2-9}{h}$

29) $\lim\limits_{h \to 0} \dfrac{(2+h)^3-8}{h}$

30) $\lim\limits_{h \to 0} \dfrac{(x+h)^4-x^4}{h}$

31) $\lim\limits_{x \to 0} \dfrac{1-(1-3x)(1-2x)(1-x)}{2x}$

32) $\lim\limits_{x \to 0} \dfrac{(1+x)^2(1-x)^2-1}{x}$

33) $\lim\limits_{x \to 0^+} \dfrac{x^3-2x^2+x}{x^2}$

34) $\lim\limits_{x \to 1^-} \dfrac{x^3+x^2-x-1}{(x-1)^2}$

35) $\lim\limits_{x \to 5} \dfrac{(x^2-6x+5)^{30}}{(x^2-4x-5)^5}$

36) $\lim\limits_{x \to -1} \dfrac{(x^3+1)^{250}}{(x^4+x^2+x-1)^{200}}$

37) $\lim\limits_{x \to 2} \dfrac{(x^3-3x^2+4)^5}{(x^2-7x+10)^{10}}$

38) $\lim\limits_{x \to 2} \dfrac{((2-x)(x+7))^{12}}{(x^3-6x^2+12x-8)^6}$

39) $\lim\limits_{x \to 0} \dfrac{(1+x)^n+(1+x)^m-2}{x^2+2x} \quad n \in N \, ; \, m \in N$

40) $\lim\limits_{x \to 0} \dfrac{(1+ax)^n-(1+bx)^m}{x} \quad n \in N \, ; \, m \in N$

41) $\lim\limits_{x \to 0} \dfrac{(1+x)^8-1}{x}$

42) $\lim\limits_{x \to 0} \dfrac{1-(1+x)^{10}}{10x}$

43) $\lim\limits_{x \to 1} \dfrac{n-(x^n+x^{n-1}+\ldots+x)}{x-1} \quad n \in N$

FORMAS INDETERMINADAS

44) $\lim\limits_{x \to 1} \dfrac{x^n - 1}{x^m - 1}$ $n \in N$; $m \in N$

45) $\lim\limits_{x \to -5} \dfrac{|x|^2 - 6|x| + 5}{|x| - 5}$

46) $\lim\limits_{x \to 100} \dfrac{\log^2 x + \log x^3 - 10}{\log^3 x - \log^2 x^2}$

47) $\lim\limits_{x \to 1/2} \dfrac{16^x - 5.4^x + 6}{16^x - 4^x - 2}$

48) $\lim\limits_{x \to 1} \dfrac{x + \left(\sqrt[6]{x}\right)^2 - 2\sqrt[3]{x}}{\sqrt[3]{x} - 1}$

49) $\lim\limits_{x \to 0} \dfrac{sen\, x - 2sen^2 x}{sen^4 x + sen^2 x + 8 sen\, x}$

50) $\lim\limits_{x \to \pi} \dfrac{\cos^3 x - 3\cos^2 x - 3\cos x + 1}{1 - \cos^3 x - \cos^2 x + \cos x}$

51) $\lim\limits_{x \to \pi} \dfrac{\cos^2 x - 3\cos x - 4}{\cos^3 x + 1}$

52) $\lim\limits_{x \to \pi/2} \dfrac{sen^3 x + sen^2 x - sen\, x - 1}{sen^2 x - 6 sen\, x + 5}$

53) $\lim\limits_{x \to \pi/4} \dfrac{\cot g\, x - \cot g^2 x}{\cot g^4 x + 3\cot g^2 x - 2\cot g\, x - 2}$

54) $\lim\limits_{x \to \pi/3} \dfrac{tg^2 x - 3}{tg^4 x - 9}$

55) $\lim\limits_{x \to \pi} \dfrac{\sec^5 x + 1}{\sec^3 x + 2\sec x + 3}$

56) $\lim\limits_{x \to \pi/6} \dfrac{\cos ec^2 x - 4}{\cos ec^3 x - 4\cos ec\, x}$

57) $\lim\limits_{x \to 0} \dfrac{\sqrt{4+x} - 2}{2x}$

58) $\lim\limits_{x \to 3} \dfrac{3 - \sqrt{3x}}{\sqrt{x+1} - 2}$

59) $\lim\limits_{x \to 3^-} \dfrac{\sqrt{9 - x^2}}{x - 3}$

60) $\lim\limits_{x \to 3^+} \dfrac{x - 3}{\sqrt{x^2 - 9}}$

61) $\lim\limits_{x \to -2} \dfrac{\sqrt{x+11} - 3}{4 - \sqrt{2x + 20}}$

62) $\lim\limits_{x \to 0} \dfrac{\sqrt{x^2 + 1} - 1}{\sqrt{x + 4} - 2}$

63) $\lim\limits_{x \to 0} \dfrac{\sqrt{1-x} - \sqrt{1+x}}{x}$

64) $\lim\limits_{x \to 0} \dfrac{\sqrt{1+4x} - \sqrt{1+3x}}{x}$

65) $\lim\limits_{x \to 0} \dfrac{\sqrt[4]{x+1} - \sqrt[4]{1-2x}}{x}$

66) $\lim\limits_{x \to 1} \dfrac{x - 1}{\sqrt[4]{x+1} - \sqrt[4]{2}}$

LÍMITE Y CONTINUIDAD

67) $\lim\limits_{x \to 3} \dfrac{\sqrt{3x}-3}{\sqrt[4]{13+x}-2}$

68) $\lim\limits_{x \to 5} \dfrac{\sqrt{x}-\sqrt{x-5}-\sqrt{5}}{\sqrt{x^2-25}}$

69) $\lim\limits_{x \to a} \dfrac{\sqrt[5]{x}-\sqrt[5]{a}}{x-a}$

70) $\lim\limits_{x \to 8} \dfrac{3-\sqrt[3]{3x+3}}{x-8}$

71) $\lim\limits_{x \to 0^+} \dfrac{\sqrt{x}-\sqrt[3]{x}}{\sqrt{x}+\sqrt[3]{x}}$

72) $\lim\limits_{x \to 0} \dfrac{x}{\sqrt[3]{x}-\sqrt[5]{x}}$

73) $\lim\limits_{x \to 1} \dfrac{x^{1/n}-1}{x^{1/m}-1} \quad n \in N \wedge m \in N$

74) $\lim\limits_{x \to 0} \dfrac{\sqrt[3]{4x+1}-1}{\sqrt[5]{4x+1}-1}$

75) $\lim\limits_{x \to 0} \dfrac{\sqrt[3]{1+2x}-\sqrt[5]{1+2x}}{x}$

76) $\lim\limits_{x \to 0} \dfrac{\sqrt[5]{x^2}+\sqrt[3]{x^2}}{x^2}$

77) $\lim\limits_{x \to 1} \dfrac{(\sqrt{x}-1)(\sqrt[3]{x}-1)}{(\sqrt[4]{x}-1)^2}$

78) $\lim\limits_{x \to 0} \dfrac{\sqrt[3]{x+1}\sqrt[5]{x+1}\sqrt[7]{x+1}-1}{x}$

79) $\lim\limits_{x \to 0} \dfrac{\sqrt[3]{x+1}\sqrt{x+1}-1}{2x}$

80) $\lim\limits_{x \to 1} \dfrac{1-\sqrt[3]{x}\sqrt[5]{x}}{x-1}$

81) $\lim\limits_{x \to 0} \dfrac{\left(\sqrt{x^2+4}+x^2\right)^5 - \left(\sqrt{x^2+4}-x^2\right)^5}{4x^2}$

82) $\lim\limits_{x \to 0} \dfrac{\left(\sqrt{1+x}+\sqrt{x}\right)^n - \left(\sqrt{1+x}-\sqrt{x}\right)^n}{\sqrt{x}} \quad n \in N$

83) $\lim\limits_{x \to 0} \dfrac{\sqrt[3]{1-x}-\sqrt[3]{1+x}}{\sqrt{1-x}-\sqrt{1+x}}$

84) $\lim\limits_{x \to 0} \dfrac{\sqrt[5]{x+1}+\sqrt[3]{x-1}}{2x}$

85) $\lim\limits_{x \to 0} \dfrac{\sqrt[3]{1+5x}-\sqrt[5]{1+3x}}{x}$

86) $\lim\limits_{x \to 0} \dfrac{\sqrt[3]{x-8}+\sqrt[5]{32-x}}{4x}$

87) $\lim\limits_{x \to 1} \dfrac{\sqrt[3]{x+7}-2}{x^2-1}$

88) $\lim\limits_{x \to 0} \dfrac{8x^3}{\sqrt[5]{2x+1}-1}$

FORMAS INDETERMINADAS

89) $\lim\limits_{x \to -1} \dfrac{2-\sqrt{3-x}}{1+\sqrt[3]{x}}$

90) $\lim\limits_{x \to 0} \dfrac{\sqrt[3]{64+x}-4}{\sqrt[4]{x+1}-1}$

91) $\lim\limits_{x \to 0} \dfrac{\sqrt[4]{1+2x}-\sqrt[3]{1+4x}}{\sqrt{1+6x}-1}$

92) $\lim\limits_{x \to 0} \dfrac{\sqrt[4]{1+x}+\sqrt[5]{x-1}}{\sqrt{3x}}$

93) $\lim\limits_{x \to -2} \dfrac{\sqrt[4]{x+3}-1}{\sqrt{x+11}-\sqrt[3]{x+29}}$

94) $\lim\limits_{x \to 4} \dfrac{\sqrt[3]{x^2+11}-\sqrt{x^2-7}}{x^2-16}$

95) $\lim\limits_{x \to 5} \dfrac{2-\sqrt[3]{x^2-4x+3}}{x^2-5x}$

96) $\lim\limits_{x \to -6} \dfrac{2\sqrt[3]{x^2+2x+3}-6}{x^2+6x}$

97) $\lim\limits_{x \to 0} \dfrac{\sqrt[8]{1+3x+4x^2-9x^3}-1}{x}$

98) $\lim\limits_{x \to 0} \dfrac{\sqrt[5]{1+10x+x^4}-1}{2x}$

99) $\lim\limits_{x \to 0} \dfrac{\sqrt[3]{1+2x}\sqrt[5]{1+3x}-1}{x}$

100) $\lim\limits_{x \to 0} \dfrac{\sqrt[m]{1+ax}\sqrt[n]{1+bx}-1}{x}$ $m \in N$; $n \in N$

101) $\lim\limits_{x \to \sqrt{5}} \dfrac{x^{\sqrt{5}}-\sqrt{5}^{\sqrt{5}}}{x-\sqrt{5}}$

102) $\lim\limits_{x \to 3} \dfrac{x^{\sqrt{3}}-3^{\sqrt{3}}}{x^{\sqrt{2}}-3^{\sqrt{2}}}$

Calcular los siguientes límites sabiendo que $\lim\limits_{u \to 0} \dfrac{sen\,u}{u} = 1$

103) $\lim\limits_{x \to 0} \dfrac{sen\,x}{3x}$

104) $\lim\limits_{x \to 0} \dfrac{5x}{sen(20x)}$

105) $\lim\limits_{x \to 0} \dfrac{tg(3x)}{7x}$

106) $\lim\limits_{x \to 0} \dfrac{tg(-x)}{5x}$

107) $\lim\limits_{x \to 0^+} \dfrac{sen\,x}{\sqrt{x}}$

108) $\lim\limits_{x \to 0^+} \dfrac{sen\sqrt{x}}{\sqrt[4]{x}}$

109) $\lim\limits_{x \to 0} \dfrac{sen^3(2x)}{x^3}$

110) $\lim\limits_{x \to 0} \dfrac{sen^2(5x)}{5x^2}$

111) $\lim\limits_{x \to 0} \dfrac{x^4}{tg^4(3x)}$

112) $\lim\limits_{x \to 0} \dfrac{tg^3 x}{x}$

LÍMITE Y CONTINUIDAD

113) $\lim\limits_{x\to 0} \dfrac{tg(4x)}{sen(7x)}$

114) $\lim\limits_{x\to 0} \dfrac{sen(2x)}{tgx}$

115) $\lim\limits_{x\to 0} \dfrac{sen(6x)-12x}{sen(8x)+x}$

116) $\lim\limits_{x\to 0} \dfrac{x-tgx}{x-tg(3x)}$

117) $\lim\limits_{x\to 0} \dfrac{x-tg(16x)}{x-sen(4x)}$

118) $\lim\limits_{x\to 0} \dfrac{senx+x}{x+tgx}$

119) $\lim\limits_{x\to 0} \dfrac{tg(2x)}{x}+\dfrac{tg(4x)}{senx\cos(3x)}$

120) $\lim\limits_{x\to 0} \dfrac{sen(x/4)}{sen(x/2)}-\dfrac{tg(x/2)}{tg(x/4)}$

121) $\lim\limits_{x\to 0} \dfrac{sen^2(4x)tg^3 x\sec x}{\cos(4x)tg^5(2x)}$

122) $\lim\limits_{x\to 0^+} \dfrac{tgx\, sen^2(\sqrt{x})}{sen(2x)tg(11x)}$

123) $\lim\limits_{x\to 0} \dfrac{1-\cos(2x)}{senx}$

124) $\lim\limits_{x\to 0} \dfrac{\sec x-1}{x^2}$

125) $\lim\limits_{x\to 0} \dfrac{1-\cos^2 x}{4\cos x-4}$

126) $\lim\limits_{x\to 0} \dfrac{(1-\cos x)senx}{2x^3}$

127) $\lim\limits_{x\to 0^+} \dfrac{sen(2x)}{1-\cos(6x)}$

128) $\lim\limits_{x\to 0^-} \dfrac{sen^3(4x)+x^3}{sen^4(3x)}$

129) $\lim\limits_{x\to 0} \dfrac{1-\cos(200x)+sen(200x)}{1-\cos x+senx}$

130) $\lim\limits_{x\to 0} \dfrac{1-\cos(mx)+sen(mx)}{1-\cos(nx)+sen(nx)}$

131) $\lim\limits_{x\to 2} \dfrac{tg(x^2+5x-14)}{x^2+5x-14}$

132) $\lim\limits_{x\to -1} \dfrac{sen(x^2-x-2)}{x^2-x-2}$

133) $\lim\limits_{x\to 1} \dfrac{sen(x^2-1)}{x-1}$

134) $\lim\limits_{x\to 3} \dfrac{tg(x^2-9)}{x-3}$

135) $\lim\limits_{x\to \pi/2} \dfrac{1-senx}{tg\left(x-\frac{\pi}{2}\right)}$

136) $\lim\limits_{x\to \pi} \dfrac{1+\cos x}{sen(x-\pi)}$

137) $\lim\limits_{x\to 1} \dfrac{(1-x)^2}{\cos(\pi x)+1}$

138) $\lim\limits_{x\to \pi} \dfrac{tgx\, sen^2 x}{sen(2x)}$

FORMAS INDETERMINADAS

139) $\lim\limits_{x\to 2}\dfrac{sen(3\pi x)}{sen(\pi x)}$

140) $\lim\limits_{x\to \pi}\dfrac{sen(ax)}{sen(bx)}\quad a\in Z\ ;\ b\in Z-\{0\}$

141) $\lim\limits_{x\to -4}\dfrac{sen\left(\frac{\pi}{4}x\right)}{tg(\pi x)}$

142) $\lim\limits_{x\to 1}\dfrac{1+\cos(\pi x)}{sen^2(3\pi x)}$

143) $\lim\limits_{x\to \pi/2}\dfrac{sen\left(x-\frac{\pi}{2}\right)}{\cos(3x)}$

144) $\lim\limits_{x\to -\pi}\dfrac{\cos x+\cos(2x)}{x+\pi}$

145) $\lim\limits_{x\to \pi/3}\dfrac{tgx-\sqrt{3}}{\cos x-\frac{1}{2}}$

146) $\lim\limits_{x\to \pi/2}\dfrac{1-senx}{tg(2x)}$

147) $\lim\limits_{x\to 1}\dfrac{sen(\pi x^2)}{sen(\pi x^3)}$

148) $\lim\limits_{x\to 1}\dfrac{tg(\pi x^p)}{sen(\pi x^q)};\ p\in N;\ q\in N$

149) $\lim\limits_{x\to w}\dfrac{\cos x-\cos w}{x-w}$

150) $\lim\limits_{x\to w}\dfrac{x-w}{senx-senw}$

151) $\lim\limits_{x\to w}\dfrac{\cos ecx-\cos ecw}{x-w}$

152) $\lim\limits_{x\to w}\dfrac{\cot gx-\cot gw}{x-w}$

153) $\lim\limits_{x\to w}\dfrac{tgx-tgw}{x-w}$

154) $\lim\limits_{x\to w}\dfrac{\sec x-\sec w}{x-w}$

155) $\lim\limits_{x\to 0}\dfrac{sen(\alpha+x)-sen\alpha}{x}$

156) $\lim\limits_{x\to 0}\dfrac{\cos(\alpha+x)-\cos\alpha}{x}$

157) $\lim\limits_{x\to 0}\dfrac{\cot g(\alpha+x)-\cot g\alpha}{x}$

158) $\lim\limits_{x\to 0}\dfrac{tg(\alpha+x)-tg\alpha}{x}$

159) $\lim\limits_{x\to 0}\dfrac{\sec(\alpha+x)-\sec\alpha}{x}$

160) $\lim\limits_{x\to 0}\dfrac{\cos ec(\alpha+x)-\cos ec\alpha}{x}$

161) $\lim\limits_{x\to 0}\dfrac{\cos(\beta-x)-\cos(\beta+x)}{10x}$

162) $\lim\limits_{x\to 0}\dfrac{sen(\beta-x)-sen(\beta+x)}{4x}$

163) $\lim\limits_{x\to 0}\dfrac{\cos(3x)-\cos x}{x^2}$

164) $\lim\limits_{x\to 0}\dfrac{\sec(2x)-\sec x}{-1+\cos x}$

165) $\lim\limits_{x\to 0}\dfrac{x}{\cot g(ax)-\cot g(bx)}\quad a\neq b$

166) $\lim\limits_{x\to 0}\dfrac{tg(ax)+tg(bx)}{sen(2x)}$

167) $\lim\limits_{x\to 0}\dfrac{\cos(t+2x)+\cos t-2\cos(t+x)}{sen^2 x}$

168) $\lim\limits_{x\to 0}\dfrac{tg(t+2x)+tgt-2tg(t+x)}{x^2}$

169) $\lim\limits_{x\to 0}\dfrac{tg^2 x}{tg(t+x)tg(t-x)-tg^2 t}$

170) $\lim\limits_{x\to 0}\dfrac{1-\cos(2x)\cos(4x)}{1-\cos x}$

171) $\lim\limits_{x\to 0}\dfrac{3x}{\sqrt{1+senx}-\sqrt{\cos x}}$

172) $\lim\limits_{x\to 0}\dfrac{\sqrt{1+tgx}-\sqrt{\cos x}}{x}$

173) $\lim\limits_{x\to 0}\dfrac{sen^2 x}{\sqrt[3]{\cos x}-\sqrt{\cos x}}$

174) $\lim\limits_{x\to 0^+}\dfrac{-1+\sec^2 x}{\sqrt[3]{tgx}+\sqrt{tgx}}$

175) $\lim\limits_{x\to 0^+}\dfrac{1-\sec x}{\sec\sqrt{x}-1}$

176) $\lim\limits_{x\to 0^+}\dfrac{sen^8\sqrt{x}}{1-\cos(x^2)}$

177) $\lim\limits_{x\to 0}\dfrac{\sqrt{1+4tg^2 x}-\sqrt{1+4sen^2 x}}{2x^4}$

178) $\lim\limits_{x\to 0}\dfrac{\sqrt{1-\cos(x^4)}}{2-2\cos(x^2)}$

179) $\lim\limits_{x\to 0}\dfrac{1-\sqrt{\cos(3x)}}{x^2}$

180) $\lim\limits_{x\to 0}\dfrac{\sqrt{\cos(2x)}-1}{x^2}$

181) $\lim\limits_{x\to 0}\dfrac{\sqrt{1-senx}-\sqrt{1+senx}}{1-\sqrt{1+tgx}}$

182) $\lim\limits_{x\to 0}\dfrac{\sqrt[3]{1+tgx}-\sqrt[3]{1-tgx}}{tgx}$

183) $\lim\limits_{x\to 0}\dfrac{arcsen(4x)}{2x}$

184) $\lim\limits_{x\to 0}\dfrac{x}{arctg(4x)}$

185) $\lim\limits_{x\to 0}\dfrac{arcsenx}{arctgx}$

186) $\lim\limits_{x\to 0}\dfrac{x+arctgx}{x+arcsenx}$

187) $\lim\limits_{x\to 1}\dfrac{arctgx-arctg1}{x-1}$

188) $\lim\limits_{x\to a}\dfrac{x-a}{arctga-arctgx}$

FORMAS INDETERMINADAS

Resolver los siguientes límites considerando $\lim\limits_{u\to 0}\dfrac{\ln(1+u)}{u}=1$ o bien

$\lim\limits_{u\to 0}\dfrac{a^u-1}{u}=\ln a$; $a>0$

189) $\lim\limits_{x\to 0}\dfrac{\ln(1+3x)}{x}$

190) $\lim\limits_{x\to 0}\dfrac{\log(1-2x)}{4x}$

191) $\lim\limits_{x\to 1}\dfrac{\ln x}{x-1}$

192) $\lim\limits_{x\to 3}\dfrac{3-x}{\ln(4-x)}$

193) $\lim\limits_{x\to 3^+}\dfrac{x-3}{\ln x-\ln 3}$

194) $\lim\limits_{x\to 1^+}\dfrac{\ln(4x)-\ln 4}{(x-1)^2}$

195) $\lim\limits_{x\to 1}\dfrac{\ln(4x^2-3)}{x-1}$

196) $\lim\limits_{x\to \pi/2^+}\dfrac{\ln(senx)}{x-\pi/2}$

197) $\lim\limits_{x\to 0}\dfrac{\ln(x+1)+\ln(x^2-x+1)}{2x^3}$

198) $\lim\limits_{x\to 0}\dfrac{\ln\left(x+\sqrt{9x^2+1}\right)}{\ln\left(4x+\sqrt{x^2+1}\right)}$

199) $\lim\limits_{x\to 0}\dfrac{\ln(\cos x)}{\ln(\cos(6x))}$

200) $\lim\limits_{x\to 0}\left(\dfrac{\ln(\cos(2x))}{\ln(\cos x)}\right)^{\ln|x|}$

201) $\lim\limits_{x\to 0}\dfrac{\ln\left(tg\left(x+\frac{\pi}{4}\right)\right)}{tg(3x)}$

202) $\lim\limits_{x\to 0}\dfrac{\ln^2\left(sen\left(\frac{\pi}{2}+x\right)\right)}{x^4}$

203) $\lim\limits_{x\to 0}\dfrac{\ln(\cos(2x))}{4x^2}$

204) $\lim\limits_{x\to 0}\dfrac{\ln(\ln(x+e))}{x}$

205) $\lim\limits_{x\to 0}\dfrac{e^x-1}{e^{4x}-1}$

206) $\lim\limits_{x\to 0}\dfrac{e^{x^2}-1}{x}$

207) $\lim\limits_{x\to 0}\dfrac{100^x-1}{100x}$

208) $\lim\limits_{x\to 0}\dfrac{2^{3x}-1}{3^{2x}-1}$

209) $\lim\limits_{x\to 3}\dfrac{x^3-3^x}{x-3}$

210) $\lim\limits_{x\to \pi}\dfrac{\pi^x-x^\pi}{x-\pi}$

LÍMITE Y CONTINUIDAD

211) $\lim\limits_{x \to 0} \dfrac{\ln 4^x}{\ln 3^x}$

212) $\lim\limits_{x \to 0} \dfrac{x}{\ln(2e^x - 1)}$

213) $\lim\limits_{x \to +\infty} \dfrac{\ln(1 + 4^{-x})}{\ln(1 + 2^{-x})}$

214) $\lim\limits_{x \to -\infty} \dfrac{\ln(1 + 4^x)}{\ln(1 + 2^x)}$

215) $\lim\limits_{x \to 0} \dfrac{\ln\left(x + \sqrt{1 + x^2}\right)}{\ln(1 + xe^{2x})}$

216) $\lim\limits_{x \to 0} \dfrac{\ln(1 + \ln(x + 1))}{10^x - 1}$

217) $\lim\limits_{x \to 0} \dfrac{e^{5x} - e^{2x}}{x}$

218) $\lim\limits_{x \to 0^-} \dfrac{x}{e^x - e^{-x}}$

219) $\lim\limits_{x \to 0} \dfrac{e^{x^2} + \pi^{x^2} - e^x - \pi^x}{x}$

220) $\lim\limits_{x \to 0} \dfrac{3^x + 5^x + 7^x - 3}{x}$

221) $\lim\limits_{x \to 0} \dfrac{\cos\left(\frac{\pi}{2} e^x\right) - \cos\left(\frac{\pi}{2} e^{-x}\right)}{x}$

222) $\lim\limits_{x \to 0} \dfrac{e^{sen(4x)} - e^{sen(2x)}}{tgx}$

223) $\lim\limits_{x \to 0} \dfrac{e^{ax} - e^{bx}}{sen(ax) - sen(bx)}$; $a \neq b$

224) $\lim\limits_{x \to +\infty} \dfrac{e^{\log_x 3} - 1}{e^{\log_x 4} - 1}$

225) $\lim\limits_{x \to 0} \dfrac{10^{arctgx} - 1}{tgx}$

226) $\lim\limits_{x \to 0} \dfrac{e^{arcsenx} - 1}{senx}$

227) $\lim\limits_{x \to 0} \dfrac{senh(ax)}{senh(bx)}$; $b \neq 0$

228) $\lim\limits_{x \to 0} \dfrac{(senhx)^2}{4x^2}$

229) $\lim\limits_{x \to 0} \dfrac{\tanh x}{senx}$

230) $\lim\limits_{x \to 0} \dfrac{senhx \tanh x}{2x^2}$

231) $\lim\limits_{x \to 0} \dfrac{\cosh x - 1}{x^2}$

232) $\lim\limits_{x \to 0} \dfrac{1 - \cos x}{\ln(\cosh x)}$

233) $\lim\limits_{x \to 1} \dfrac{\tanh(\ln x)}{senh(x - 1)}$

234) $\lim\limits_{x \to 1} \dfrac{senh(x^2 - 1)}{\tanh(x^2 - 6x + 5)}$

235) $\lim\limits_{x \to 0} \dfrac{senh(x + y) - senhy}{x}$

236) $\lim\limits_{x \to 0} \dfrac{\cosh(x + y) - \cosh y}{x}$

FORMAS INDETERMINADAS

237) $\lim\limits_{x \to a} \dfrac{\cosh x - \cosh a}{x-a}$

238) $\lim\limits_{x \to a} \dfrac{\operatorname{senh} x - \operatorname{senh} a}{x-a}$

239) $\lim\limits_{x \to 0} \dfrac{(\cosh x + \operatorname{senh} x)^n - 1}{x}$ $n \in N$

240) $\lim\limits_{x \to 0} \ln\left(\dfrac{1-\cos x}{\cosh x - 1}\right)$

Mostrar que

241) $\lim\limits_{x \to 0} \operatorname{arctg} \dfrac{\ln \cos x}{\ln \cosh x} = -\dfrac{\pi}{4}$

242) $\lim\limits_{x \to 0} \dfrac{e^{\operatorname{senh}(ax)} - e^{\operatorname{senh}(bx)}}{\operatorname{arctg}(cx)} = \dfrac{a-b}{c}$

Ejercicios diversos

Evaluar $\lim\limits_{h \to 0} \dfrac{f(x+h)-f(x)}{h}$ si

243) $f(x) = x^2 - 3$

244) $f(x) = \dfrac{x}{2x-1}$

245) $f(x) = \sqrt{x}$

246) $f(x) = x^{2/3}$

247) $f(x) = \operatorname{sen} x$

248) $f(x) = \cos x$

249) $f(x) = \ln x$

250) $f(x) = e^x$

251) $f(x) = \cosh x$

252) $f(x) = \operatorname{senh} x$

Hallar la constante a para que se cumplan las siguientes igualdades.

253) $\lim\limits_{x \to 0} \dfrac{1-\sqrt{ax+1}}{x} = -1$

254) $\lim\limits_{x \to 0} \dfrac{e^{ax}-1}{\sqrt{x+4}-2} = \dfrac{1}{2}$

Hallar las constantes a y b para que se cumplan las siguientes igualdades.

255) $\lim\limits_{x \to 2} \dfrac{x^3 - a(x^2-4) + b(x-2) - 8}{x^2 - x - 2} = 3$ y

$\lim\limits_{x \to 1} \dfrac{x^3 - a(x^2-4) + b(x-2) - 8}{x^2 - x - 2} = 0$

256) $\lim\limits_{x\to 1}\dfrac{x^2-1}{a(x^3+3x^2-x-3)+b(x^2-1)}=4$ y

$\lim\limits_{x\to -1}\dfrac{x^2-1}{a(x^3+3x^2-x-3)+b(x^2-1)}=-2$

Hallar la constante k para que se cumplan las siguientes igualdades.

257) $\lim\limits_{x\to 0}\left(k\dfrac{tg(9x)}{x}\right)^{2+x}=1+\lim\limits_{x\to +\infty}\dfrac{1}{x}\cos x$

258) $\lim\limits_{x\to -1}\left(\dfrac{(1-k)^2(x+1)}{x^2+6x+5}\right)^{x+3}=\lim\limits_{x\to +\infty}\dfrac{1}{2}\,arctgx$

Calcular el límite de la función $f(x)$ en los siguientes casos.

259) $\lim\limits_{x\to 1^+}\dfrac{f(x)}{x-1}=0$ **260)** $\lim\limits_{x\to 0}\dfrac{f(x)-3}{4x}=\dfrac{1}{4}$

3.2 Indeterminación $\dfrac{\infty}{\infty}$

EJEMPLO 38)

$\lim\limits_{x\to +\infty}\dfrac{1+x^2}{-1+x+3x^2}$

Para eliminar la indeterminación $\dfrac{+\infty}{+\infty}$ extraemos x^2 como factor común del numerador y del denominador, para luego cancelarlo; entonces

$\lim\limits_{x\to +\infty}\dfrac{1+x^2}{-1+x+3x^2}=\lim\limits_{x\to +\infty}\dfrac{x^2\left(\dfrac{1}{x^2}+1\right)}{x^2\left(-\dfrac{1}{x^2}+\dfrac{x}{x^2}+3\right)}=\lim\limits_{x\to +\infty}\dfrac{\dfrac{1}{x^2}+1}{-\dfrac{1}{x^2}+\dfrac{1}{x}+3}=\dfrac{1}{3}$

ya que tanto $\dfrac{1}{x^2}$ y $\dfrac{1}{x}$ tienden a 0, para $x\to +\infty$.

FORMAS INDETERMINADAS

Nótese que los polinomios del numerador y del denominador son de igual grado y el límite que obtuvimos es igual al cociente entre los coeficientes principales.

EJEMPLO 39)

$$\lim_{x \to -\infty} \frac{x+1}{x^4 - 4x - 5}$$

La indeterminación es de la forma $\dfrac{-\infty}{+\infty}$; efectuamos la siguiente transformación

$$\lim_{x \to -\infty} \frac{x+1}{x^4 - 4x - 5} = \lim_{x \to -\infty} \frac{x\left(1+\dfrac{1}{x}\right)}{x^4\left(1-\dfrac{4x}{x^4}-\dfrac{5}{x^4}\right)} = \lim_{x \to -\infty} \frac{1+\dfrac{1}{x}}{x^3\left(1-\dfrac{4}{x^3}-\dfrac{5}{x^4}\right)}$$

En la última igualdad, el numerador tiende a 1 y el denominador tiende a $-\infty$; la forma del límite es $\dfrac{1}{-\infty}$. Luego el cociente tiende a 0 ; esto es

$$\lim_{x \to -\infty} \frac{x+1}{x^4 - 4x - 5} = 0$$

Nótese que el polinomio del numerador es de grado inferior al del denominador; en estos casos el límite del cociente siempre es 0.

EJEMPLO 40)

$$\lim_{x \to +\infty} \frac{1-x^6}{1-x^4}$$

La indeterminación es de la forma $\dfrac{-\infty}{-\infty}$; efectuamos la siguiente transformación

$$\lim_{x \to +\infty} \frac{1-x^6}{1-x^4} = \lim_{x \to +\infty} \frac{x^6\left(\dfrac{1}{x^6}-1\right)}{x^4\left(\dfrac{1}{x^4}-1\right)} = \lim_{x \to +\infty} = \frac{x^2\left(\dfrac{1}{x^6}-1\right)}{\dfrac{1}{x^4}-1}$$

En la última igualdad el numerador tiende a $-\infty$ y el denominador tiende a -1 ; la forma del límite es $\dfrac{-\infty}{-1}$. Luego el cociente tiende a $+\infty$; esto es

LÍMITE Y CONTINUIDAD

$$\lim_{x \to +\infty} \frac{1-x^6}{1-x^4} = +\infty$$

En este caso se observa, que el polinomio del numerador es de mayor grado que el del denominador y en consecuencia el límite del cociente será o bien $+\infty$ o $-\infty$.

EJEMPLO 41)

$$\lim_{x \to +\infty} \frac{(2x+1)^{12}(4x-8)^{22}}{(x+6)^{34}}$$

Para eliminar la indeterminación, efectuamos transformaciones convenientes.

$$\lim_{x \to +\infty} \frac{(2x+1)^{12}(4x-8)^{22}}{(x+6)^{34}} = \lim_{x \to +\infty} \frac{\left[(2x)\left(1+\frac{1}{2x}\right)\right]^{12}\left[(4x)\left(1-\frac{2}{x}\right)\right]^{22}}{\left[x\left(1+\frac{6}{x}\right)\right]^{34}} =$$

$$= \lim_{x \to +\infty} \frac{2^{12}x^{12}\left(1+\frac{1}{2x}\right)^{12} 4^{22}x^{22}\left(1-\frac{2}{x}\right)^{22}}{x^{34}\left(1+\frac{6}{x}\right)^{34}} = \lim_{x \to +\infty} \frac{2^{56}x^{34}\left(1+\frac{1}{2x}\right)^{12}\left(1-\frac{2}{x}\right)^{22}}{x^{34}\left(1+\frac{6}{x}\right)^{34}}$$

Se observa que cada paréntesis de la última igualdad tienden a 1, y cancelando x^{34} del numerador y del denominador, resulta

$$\lim_{x \to +\infty} \frac{(2x+1)^{12}(4x-8)^{22}}{(x+6)^{34}} = 2^{56}$$

EJEMPLO 42)

$$\lim_{x \to -\infty} \frac{x+\sqrt{25x^2+1}}{2x+\sqrt{9x^2-x+2}}$$

Haciendo $x=-t$ se tiene que si $x \to -\infty$ resulta $t \to +\infty$, luego

$$\lim_{x \to -\infty} \frac{x+\sqrt{25x^2+1}}{2x+\sqrt{9x^2-x+2}} = \lim_{t \to +\infty} \frac{-t+\sqrt{25t^2+1}}{-2t+\sqrt{9t^2+t+2}} =$$

$$= \lim_{t \to +\infty} \frac{t\left(-1+\frac{\sqrt{25t^2+1}}{t}\right)}{t\left(-2+\frac{\sqrt{9t^2+t+2}}{t}\right)} = \lim_{t \to +\infty} \frac{-1+\sqrt{\frac{25t^2}{t^2}+\frac{1}{t^2}}}{-2+\sqrt{\frac{9t^2}{t^2}+\frac{t}{t^2}+\frac{2}{t^2}}} =$$

FORMAS INDETERMINADAS

$$= \lim_{t \to +\infty} \frac{-1 + \sqrt{25 + \frac{1}{t^2}}}{-2 + \sqrt{9 + \frac{1}{t} + \frac{2}{t^2}}} = \frac{-1 + \sqrt{25 + 0}}{-2 + \sqrt{9 + 0 + 0}} = \frac{-1 + 5}{-2 + 3} = 4$$

EJEMPLO 43)

$$\lim_{x \to +\infty} \left(\frac{2x^3 + 3x^2 + 6}{5x^3 + 2} \right)^{x+7}$$

Calculamos primero $\lim_{x \to +\infty} \frac{2x^3 + 3x^2 + 6}{5x^3 + 2}$ y obtenemos $\frac{2}{5}$ ya que los polinomios son del mismo grado como se indicó anteriormente; por lo tanto el ejercicio propuesto tiene la forma $(2/5)^{+\infty}$ que tiende a 0; luego

$$\lim_{x \to +\infty} \left(\frac{2x^3 + 3x^2 + 6}{5x^3 + 2} \right)^{x+7} = 0$$

EJEMPLO 44)

$$\lim_{x \to +\infty} \frac{2^x + 3^x}{4^x + 9^x}$$

Efectuamos la siguiente transformación

$$\lim_{x \to +\infty} \frac{2^x + 3^x}{4^x + 9^x} = \lim_{x \to +\infty} \frac{3^x \left(\frac{2^x}{3^x} + 1 \right)}{9^x \left(\frac{4^x}{9^x} + 1 \right)} = \left(\frac{3}{9} \right)^x \frac{\left(\frac{2}{3} \right)^x + 1}{\left(\frac{4}{9} \right)^x + 1} = 0 \frac{0+1}{0+1} = 0$$

EJEMPLO 45)

$$\lim_{x \to +\infty} \frac{\ln(1 + x^{1/5})}{\ln(1 + x^{1/2} + x^{1/3})}$$

Entonces

LÍMITE Y CONTINUIDAD

$$\lim_{x \to +\infty} \frac{\ln(1+x^{1/5})}{\ln(1+x^{1/2}+x^{1/3})} = \lim_{x \to +\infty} \frac{\ln\left(\left(\frac{1}{x^{1/5}}+1\right)x^{1/5}\right)}{\ln\left(\left(\frac{1}{x^{1/2}}+1+\frac{x^{1/3}}{x^{1/2}}\right)x^{1/2}\right)} =$$

$$= \lim_{x \to +\infty} \frac{\ln\left(\frac{1}{x^{1/5}}+1\right) + \ln x^{1/5}}{\ln\left(\frac{1}{x^{1/2}}+1+\frac{1}{x^{1/6}}\right) + \ln x^{1/2}} = \lim_{x \to +\infty} \frac{\ln 1 + \frac{1}{5}\ln x}{\ln 1 + \frac{1}{2}\ln x} = \frac{2}{5}$$

EJEMPLO 46)

$$\lim_{n \to +\infty} \frac{2+5+8+\ldots+3n-1}{4n^2} \; ; \quad n \in N$$

Se observa que $2+5+8+\ldots+3n-1$ es una serie aritmética cuya fórmula está dada por $S_n = \frac{(a_1+a_n)n}{2}$ y en nuestro caso resulta

$$S_n = \frac{(2+3n-1)n}{2}$$

$$S_n = \frac{n+3n^2}{2}$$

Luego

$$\lim_{n \to +\infty} \frac{2+5+8+\ldots+3n-1}{4n^2} = \lim_{n \to +\infty} \frac{\frac{n+3n^2}{2}}{4n^2} = \lim_{n \to +\infty} \frac{n+3n^2}{8n^2} = \frac{3}{8}$$

EJEMPLO 47)

$$\lim_{n \to +\infty} \frac{3+6+12+\ldots+3.2^{n-1}}{1-2^n} \; ; \quad n \in N$$

Se observa que $3+6+12+\ldots+3.2^{n-1}$ es una serie geométrica cuya fórmula es

$S_n = \frac{a_1(1-q^n)}{1-q}$ siendo q la razón correspondiente.

FORMAS INDETERMINADAS

En nuestro caso $q = 2$ y $S_n = \dfrac{3(1-2^n)}{1-2} = -3(1-2^n)$. Luego

$$\lim_{n \to +\infty} \frac{3+6+12+\ldots+3.2^{n-1}}{1-2^n} = \lim_{n \to +\infty} \frac{-3(1-2^n)}{1-2^n} = -3$$

EJEMPLO 48)

$$\lim_{n \to +\infty} \frac{1^2+3^2+5^2+\ldots+(2n-1)^2}{1^2+2^2+3^2+\ldots+n^2} \ ; \quad n \in N$$

Por inducción completa pueden demostrarse las siguientes igualdades

$$1^2+3^2+5^2+\ldots+(2n-1)^2 = \frac{n(2n+1)(2n-1)}{3}$$

$$1^2+2^2+3^2+\ldots+n^2 = \frac{n(n+1)(2n+1)}{6}$$

Luego

$$\lim_{n \to +\infty} \frac{1^2+3^2+\ldots+(2n-1)^2}{1^2+2^2+\ldots+n^2} = \lim_{n \to +\infty} \frac{\frac{n(2n+1)(2n-1)}{3}}{\frac{n(n+1)(2n+1)}{6}} = \lim_{n \to +\infty} \frac{2(4n^2-1)}{2n^2+3n+1} = 4$$

EJEMPLO 49)

$$\lim_{n \to +\infty} \frac{1^3+2^3+\ldots+n^3}{(9+7+5+\ldots+11-2n)n^2} \ ; \quad n \in N$$

Mediante inducción completa puede demostrarse que

$$1^3+2^3+\ldots+n^3 = \frac{(1+n)^2 n^2}{4}$$

Además $9+7+5+\ldots+11-2n$ es una serie aritmética cuya suma es

$$S_n = \frac{(9+(11-2n))n}{2} \quad \Rightarrow \quad S_n = 10n - n^2$$

Entonces

$$\lim_{n \to +\infty} \frac{1^3+2^3+\ldots+n^3}{(9+7+5+\ldots+11-2n)n^2} = \lim_{n \to +\infty} \frac{1}{4} \frac{(1+n)^2 n^2}{(10n-n^2)n^2} =$$

$$= \frac{1}{4} \lim_{n \to +\infty} \frac{n^2+n^4}{10n^3-n^4} = -\frac{1}{4}$$

EJEMPLO 50)

$$\lim_{n\to+\infty} \log\frac{(n+1)!}{(n-1)!} \; ; \; n \in N$$

En este ejercicio observamos que en el argumento del logaritmo pueden simplificarse los factoriales; esto es

$$\lim_{n\to+\infty} \log\frac{(n+1)!}{(n-1)!} = \lim_{n\to+\infty} \log\frac{(n+1)n(n-1)}{(n-1)} = \lim_{n\to+\infty} \log(n+1)n = +\infty$$

3.2.1 Indeterminación $\frac{\infty}{\infty}$ con el límite particular $\lim_{u\to+\infty}\frac{\ln u}{u} = 0$

EJEMPLO 51)

$$\lim_{x\to+\infty} \frac{\ln\left(e^{2x}+e^x\right)}{e^{2x}}$$

En este caso utilizamos el límite notable $\lim_{u\to+\infty}\frac{\ln u}{u} = 0$; entonces

$$\lim_{x\to+\infty} \frac{\ln\left(e^{2x}+e^x\right)}{e^{2x}} = \lim_{x\to+\infty} \frac{\ln\left(e^{2x}+e^x\right)}{e^{2x}+e^x} \cdot \frac{e^{2x}+e^x}{e^{2x}} =$$

$$= \lim_{x\to+\infty} \frac{\ln\left(e^{2x}+e^x\right)}{e^{2x}+e^x} \lim_{x\to+\infty} \frac{e^{2x}+e^x}{e^{2x}} \quad (1)$$

El primer factor de (1) tiende a cero, donde $u = e^{2x}+e^x$; nótese que si $x \to +\infty$, $u \to +\infty$ y es por ello que podemos emplear el límite particular.

El segundo factor de (1), resulta $\lim_{x\to+\infty}\frac{e^{2x}+e^x}{e^{2x}} = \lim_{x\to+\infty}\left(\frac{e^{2x}}{e^{2x}}+\frac{e^x}{e^{2x}}\right) = 1+0 = 1$

Luego $\lim_{x\to+\infty}\frac{\ln\left(e^{2x}+e^x\right)}{e^{2x}} = 0 \cdot 1 = 0$

EJEMPLO 52)

$$\lim_{x\to+\infty} \frac{x}{e^x}$$

Haciendo $t = e^x$, resulta $\ln t = x$; luego $\lim_{x\to+\infty}\frac{x}{e^x} = \lim_{t\to+\infty}\underset{\underset{0}{\downarrow}}{\frac{\ln t}{t}} = 0$

FORMAS INDETERMINADAS

EJERCICIOS 3.2

Resolver las indeterminaciones de la forma $\dfrac{\infty}{\infty}$

1) $\lim\limits_{x \to +\infty} \dfrac{x^2 + 4x + 1}{3x^2 + 5x + 3}$

2) $\lim\limits_{x \to +\infty} \dfrac{x + x^2 + 2}{x^2 - 1}$

3) $\lim\limits_{x \to -\infty} \dfrac{x^5 + 1}{x^2}$

4) $\lim\limits_{x \to -\infty} \dfrac{x^4}{1 - x^3}$

5) $\lim\limits_{x \to +\infty} \dfrac{(x-1)^2}{(x+4)^3}$

6) $\lim\limits_{x \to -\infty} \dfrac{1 - x + x^2 - x^3}{1 - x^6}$

7) $\lim\limits_{x \to +\infty} \dfrac{(1-x)(2-x)(3-x)(4-x)}{(1-2x)^4}$

8) $\lim\limits_{x \to +\infty} \dfrac{(2x-4)^2 (2x-8)^2}{(3x-)^4}$

9) $\lim\limits_{x \to +\infty} \dfrac{(5x-3)^{20} (3x+1)^{42}}{(x+2)^{30} (2x-5)^{32}}$

10) $\lim\limits_{x \to +\infty} \dfrac{(x+1)^8 (x+3)^{11}}{5x^2 (x-4)^{17}}$

11) $\lim\limits_{x \to +\infty} \dfrac{2x + 10\sqrt{4x^2 - 1}}{x + 5\sqrt{36x^2 - 1}}$

12) $\lim\limits_{x \to +\infty} \dfrac{\sqrt{x + \sqrt{x+1}}}{2x + \sqrt{x}}$

13) $\lim\limits_{x \to -\infty} \dfrac{3x^2 - 3x + 2\sqrt{9x^4 + 4}}{x^2 - x + \sqrt[3]{27x^6 + x^2}}$

14) $\lim\limits_{x \to +\infty} \dfrac{x^3 + x^2 + \sqrt[3]{x^9 + x + 1}}{2x^3 + x + \sqrt[4]{16x^{12} + x^6}}$

15) $\lim\limits_{x \to -\infty} \dfrac{2x}{\sqrt{1 + x^2}}$

16) $\lim\limits_{x \to -\infty} \dfrac{\sqrt{36x^2 - 2}}{4x - 2}$

17) $\lim\limits_{x \to +\infty} \sqrt{\dfrac{5x^4 + 7x^2 + x - 1}{(x+3)^3}}$

18) $\lim\limits_{x \to +\infty} \dfrac{4x + 1}{\sqrt[3]{x} + x}$

19) $\lim\limits_{x \to -\infty} \dfrac{\sqrt{x^2 - 4x - 3}}{x - 3}$

20) $\lim\limits_{x \to +\infty} \dfrac{\sqrt[5]{x^5 + 1}}{\sqrt{4x^2 - 1}}$

LÍMITE Y CONTINUIDAD

21) $\lim\limits_{x \to +\infty} \dfrac{\sqrt{x} + \sqrt[3]{x} + \sqrt[5]{x}}{\sqrt{4x-1}}$

22) $\lim\limits_{x \to +\infty} \dfrac{\sqrt{x+1}}{\sqrt{x + \sqrt{x + \sqrt{x}}}}$

23) $\lim\limits_{x \to +\infty} \dfrac{\sqrt{4x-5}}{\sqrt{x-1} + \sqrt[4]{x-1} + \sqrt[8]{x-1}}$

24) $\lim\limits_{x \to +\infty} \dfrac{\sqrt{1 + \sqrt{x^2 + \sqrt{x}}}}{\sqrt{1+\sqrt{x}}}$

25) $\lim\limits_{x \to +\infty} \dfrac{\sqrt{x + \sqrt{x}}}{\sqrt{x + \sqrt{x + \sqrt{x}}} + \sqrt{x}}$

26) $\lim\limits_{x \to +\infty} \dfrac{\left(x + \sqrt[4]{x^4+16}\right)^n + \left(x + \sqrt[4]{x^4-16}\right)^n}{x^n}$; $n \in N$

27) $\lim\limits_{x \to +\infty} \dfrac{e^x - e^{-x}}{e^x + e^{-x}}$

28) $\lim\limits_{x \to -\infty} \dfrac{e^x - e^{-x}}{e^x + e^{-x}}$

29) $\lim\limits_{x \to +\infty} \dfrac{1 + 10^{x+1}}{1 + 5^{x+1}}$

30) $\lim\limits_{x \to +\infty} \dfrac{1 - 10^x}{2 + 10^x}$

31) $\lim\limits_{x \to -\infty} \left(\dfrac{3x+1}{2x-1}\right)^x$

32) $\lim\limits_{x \to +\infty} \left(\sqrt[3]{\dfrac{x^3+27}{8x^3+1}}\right)^{\frac{x}{x+1}}$

33) $\lim\limits_{x \to +\infty} \left(\dfrac{x^3 - 5x^4}{2x^3 - x^4}\right)^{\frac{x^3-1}{1-x}}$

34) $\lim\limits_{x \to +\infty} \left(\dfrac{x^2+9}{x^2-9}\right)^{\frac{x+1}{x-1}}$

35) $\lim\limits_{x \to +\infty} 3^{-\sqrt{x+2}/(x-3)}$

36) $\lim\limits_{x \to -\infty} 3^{(x-3)/\sqrt{x+2}}$

37) $\lim\limits_{x \to +\infty} \dfrac{e^{\ln x} + 1}{10^{\ln x} - 1}$

38) $\lim\limits_{x \to +\infty} \left(\dfrac{x^2+3}{1+x+2x^2}\right)^{\ln x}$

39) $\lim\limits_{x \to +\infty} \dfrac{\log(20^x + 1)}{\log(10^x + 1)}$

40) $\lim\limits_{x \to +\infty} \dfrac{\ln(1 + \sqrt[7]{x})}{\ln(1 + \sqrt{x} + \sqrt[4]{x})}$

FORMAS INDETERMINADAS

41) $\lim\limits_{x\to+\infty} \dfrac{\ln(x^4+x^2+10)}{\ln(x^8+x^4+10)}$

42) $\lim\limits_{x\to+\infty} \ln\left(\dfrac{1+x^4}{1+ex^4}\right)$

43) $\lim\limits_{n\to+\infty} \left(tg\left(\dfrac{n\pi}{3n+9}\right)\right)^n$; $n\in N$

44) $\lim\limits_{n\to+\infty} \left(sen\left(\dfrac{1+2n\pi}{8n}\right)\right)^{n^2}$; $n\in N$

45) $\lim\limits_{x\to+\infty} arctg\left(\dfrac{x^2-1}{x^2+1}\right)$

46) $\lim\limits_{x\to+\infty} \dfrac{arcsen\left(\sqrt{1+x^2}/x\right)}{arccos\left(\sqrt{x^2-1}/x\right)}$

Calcular los siguientes límites si $n\in N$

47) $\lim\limits_{n\to+\infty} \dfrac{3+9+15+...+3(2n-1)}{-5-3-1+...+2n-7}$

48) $\lim\limits_{n\to+\infty} \dfrac{\frac{1}{2}+1+\frac{3}{2}+...+\frac{n}{2}}{\frac{1}{3}+\frac{2}{3}+1+...+\frac{n}{3}}$

49) $\lim\limits_{n\to+\infty} \dfrac{(3+5+7+...+(2n+1))^{1/2}}{(1+2+3+...+n)^{1/3}}$

50) $\lim\limits_{n\to+\infty} \dfrac{n^2}{5+5.2+5.3+...+5.n}$

51) $\lim\limits_{n\to+\infty} \dfrac{1+3+5+...+2n-1}{n^2}$

52) $\lim\limits_{n\to+\infty} \dfrac{\pi+3\pi+5\pi+...+(2n-1)\pi}{n+1}$

53) $\lim\limits_{n\to+\infty} \dfrac{1+4+4^2+...+4^{n-1}}{3+9+27+...+3^n}$

54) $\lim\limits_{n\to+\infty} \dfrac{1+3+9+...+3^{n-1}}{1+5+25+...+5^{n-1}}$

55) $\lim\limits_{n\to+\infty} \dfrac{n^4}{1+2^3+3^3+...+n^3}$

56) $\lim\limits_{n\to+\infty} \dfrac{3n^3+2n^2+n}{1+2^2+3^2+...+n^2}$

57) $\lim\limits_{n\to+\infty} \dfrac{(1+2+...+n)^2}{1+3^2+...+(2n-1)^2}$

58) $\lim\limits_{n\to+\infty} \dfrac{4+32+108+...+4n^3}{n^2(n+1)^2}$

59) $\lim\limits_{n\to+\infty} \dfrac{(n^2-1)(n-2)!}{(n+1)!}$

60) $\lim\limits_{n\to+\infty} \dfrac{n!+(n-1)!}{(n+1)!}$

61) $\lim\limits_{n\to+\infty} \dfrac{4^{n!}}{3^{(n-1)!}}$

62) $\lim\limits_{n\to+\infty} \dfrac{1/n!}{1/(n-2)!}$

63) $\lim\limits_{n\to+\infty} \dfrac{(n+1)!\,(n+2)!\,(n+3)!}{(n+2)^2\,n^4\,(n!)^3}$

64) $\lim\limits_{n\to+\infty} \log \dfrac{(n+1)^{20}\,n!}{(n-2)!\,n^{22}}$

65) $\lim\limits_{n\to+\infty} \left(\dfrac{n!+3n-1}{4n!+n-1}\right)^{-n}$

66) $\lim\limits_{n\to+\infty} \left[\dfrac{n!+(n+1)!}{(n+2)!+(n+3)!}\right]^{n!}$

Calcular los siguientes límites sabiendo que $\lim\limits_{u\to+\infty} \dfrac{\ln u}{u} = 0$

67) $\lim\limits_{x\to+\infty} \dfrac{\ln(x^3+x^2+x)}{2x^3+1}$

68) $\lim\limits_{x\to+\infty} \dfrac{\ln\sqrt{9x^2+1}}{\sqrt{16x^2+1}}$

69) $\lim\limits_{x\to+\infty} \dfrac{\ln(a^x+4)}{2a^x+9}$; $a>0$

70) $\lim\limits_{x\to+\infty} \dfrac{\ln(25e^{6x}+50e^x)}{(e^{3x}-1)(e^{3x}+1)}$

71) $\lim\limits_{x\to+\infty} \dfrac{\ln^2(\ln x)}{\ln^2 x}$

72) $\lim\limits_{x\to+\infty} \dfrac{\ln(senhx)}{e^x}$

Ejercicios diversos

Hallar el límite de $g(x)$ para $x\to+\infty$ sabiendo que

73) $\lim\limits_{x\to+\infty} \dfrac{(10+g(x))x+senx}{\sqrt{9x^2+x+1}} = 6$

74) $\lim\limits_{x\to+\infty} \dfrac{\sqrt[3]{x^3 g(x)+x^2-1}}{4x+\sqrt{121x^2+9}} = \dfrac{1}{5}$

Hallar las constantes a y b para que se cumplan las siguientes igualdades.

75) $\lim\limits_{x\to 0} \dfrac{\sqrt{ax^2+bx+4}-2}{3x} = \dfrac{1}{2}$ y $\lim\limits_{x\to+\infty} \dfrac{\sqrt{ax^2+bx+4}-2}{3x} = 1$

76) $\lim\limits_{x\to+\infty} \dfrac{1-\sqrt{(a+b)x^2+3(b-a)x+1}}{x} = -5$ y

$\lim\limits_{x\to 0} \dfrac{1-\sqrt{(a+b)x^2+3(b-a)x+1}}{x} = 0$

FORMAS INDETERMINADAS

3.3 Indeterminación $\infty - \infty$

EJEMPLO 53)

$$\lim_{x \to -\infty} \left(\sqrt{x^2+1} - \sqrt{x^2-1} \right)$$

La indeterminación puede resolverse haciendo la siguiente transformación

$$\lim_{x \to -\infty} \left(\sqrt{x^2+1} - \sqrt{x^2-1} \right) = \lim_{x \to -\infty} \frac{\left(\sqrt{x^2+1} - \sqrt{x^2-1} \right)\left(\sqrt{x^2+1} + \sqrt{x^2-1} \right)}{\sqrt{x^2+1} + \sqrt{x^2-1}} =$$

$$= \lim_{x \to -\infty} \frac{(x^2+1)-(x^2-1)}{\sqrt{x^2+1} + \sqrt{x^2-1}} = \lim_{x \to -\infty} \frac{2}{\sqrt{x^2+1} + \sqrt{x^2-1}} = 0$$

EJEMPLO 54)

$$\lim_{x \to +\infty} \left(\sqrt[3]{x+1} - \sqrt[3]{x^2} \right)$$

En este caso hacemos los cambios de variables $p = \sqrt[3]{x+1}$ y $q = \sqrt[3]{x^2}$
Además se tiene

$$p^3 - q^3 = (p-q)(p^2 + pq + q^2) \Rightarrow p - q = \frac{p^3 - q^3}{p^2 + pq + q^2} \quad (1)$$

Luego sustituyendo p y q en (1) y calculando el límite para $x \to +\infty$ resulta

$$\lim_{x \to +\infty} \left(\sqrt[3]{x+1} - \sqrt[3]{x^2} \right) = \lim_{x \to +\infty} \frac{x+1-x^2}{\sqrt[3]{(x+1)^2} + \sqrt[3]{x+1}.\sqrt[3]{x^2} + \sqrt[3]{x^4}}$$

Dividiendo por x^2 el numerador y el denominador de la expresión del límite del segundo miembro se tiene

$$\lim_{x \to +\infty} \left(\sqrt[3]{x+1} - \sqrt[3]{x^2} \right) = -\infty$$

EJEMPLO 55)

$$\lim_{x \to 2^+} \left(\frac{1}{x-2} - \frac{10+x}{x^3-8} \right)$$

La indeterminación puede eliminarse haciendo

$$\lim_{x \to 2^+} \left(\frac{1}{x-2} - \frac{10+x}{x^3-8} \right) = \lim_{x \to 2^+} \frac{x^2+2x+4-(10+x)}{x^3-8} = \lim_{x \to 2^+} \frac{x^2+x-6}{x^3-8} =$$

$$= \lim_{x \to 2^+} \frac{(x-2)(x+3)}{(x-2)(x^2+2x+4)} = \frac{5}{12}$$

EJEMPLO 56)

$$\lim_{x \to +\infty} \left(sen\sqrt{x^2+1} - senx \right)$$

Este ejemplo tiene la particularidad que si calculamos el límite de $sen\sqrt{x^2+1}$ por un lado y el límite de $senx$ por otro, resultan que no existen. Las funciones son acotadas y sus valores van oscilando entre -1 y 1 para $x \to +\infty$. No obstante, el límite de la diferencia existe.

Utilizando la identidad trigonométrica

$$sen\alpha - sen\beta = 2sen\left(\frac{\alpha - \beta}{2}\right) \cos\left(\frac{\alpha + \beta}{2}\right)$$

se tiene

$$sen\sqrt{x^2+1} - senx = 2sen\left(\frac{\sqrt{x^2+1} - x}{2}\right) \cos\left(\frac{\sqrt{x^2+1} + x}{2}\right)$$

Calculemos primero

$$\lim_{x \to +\infty} 2sen\left(\frac{\sqrt{x^2+1} - x}{2}\right) =$$

$$= \lim_{x \to +\infty} 2sen\left(\frac{\left(\sqrt{x^2+1} - x\right)\left(\sqrt{x^2+1} + x\right)}{2\left(\sqrt{x^2+1} + x\right)}\right)$$

$$= \lim_{x \to +\infty} 2sen\left(\frac{x^2+1-x^2}{2\left(\sqrt{x^2+1} + x\right)}\right) = \lim_{x \to +\infty} 2sen\frac{1}{2\left(\sqrt{x^2+1} + x\right)} = 0$$

Como la función coseno está acotada, resulta que

$$\lim_{x \to +\infty} \left(sen\sqrt{x^2+1} - senx \right) = 0$$

por el teorema de intercalación.

FORMAS INDETERMINADAS

EJEMPLO 57)

$$\lim_{x \to +\infty} \frac{\cosh \sqrt{x(4x+1)} - \cosh \sqrt{x(4x-1)}}{senh(2x)}$$

Aplicando la definición del coseno y seno hiperbólico, resulta

$$\cosh \sqrt{x(4x+1)} = \frac{e^{\sqrt{x(4x+1)}} + e^{-\sqrt{x(4x+1)}}}{2}$$

$$\cosh \sqrt{x(4x-1)} = \frac{e^{\sqrt{x(4x-1)}} + e^{-\sqrt{x(4x-1)}}}{2}$$

$$senh(2x) = \frac{e^{2x} - e^{-2x}}{2}$$

Entonces

$$\lim_{x \to +\infty} \frac{\cosh \sqrt{x(4x+1)} - \cosh \sqrt{x(4x-1)}}{senh(2x)} = \lim_{x \to +\infty} \frac{e^{\sqrt{x(4x+1)}} - e^{\sqrt{x(4x-1)}}}{e^{2x}}$$

$$= \lim_{x \to +\infty} \left(e^{\sqrt{x(4x+1)} - 2x} - e^{\sqrt{x(4x-1)} - 2x} \right)$$

Calculamos ahora

1°) $\lim\limits_{x \to +\infty} \sqrt{x(4x+1)} - 2x = \lim\limits_{x \to +\infty} \dfrac{4x^2 + x - 4x^2}{\sqrt{x(4x+1)} + 2x} = \lim\limits_{x \to +\infty} \dfrac{x}{\sqrt{x(4x+1)} + 2x} = \dfrac{1}{4}$

2°) $\lim\limits_{x \to +\infty} \sqrt{x(4x-1)} - 2x = \lim\limits_{x \to +\infty} \dfrac{4x^2 - x - 4x^2}{\sqrt{x(4x-1)} + 2x} = \lim\limits_{x \to +\infty} \dfrac{-x}{\sqrt{x(4x-1)} + 2x} = -\dfrac{1}{4}$

Luego

$$\lim_{x \to +\infty} \frac{\cosh \sqrt{x(4x+1)} - \cosh \sqrt{x(4x-1)}}{senh(2x)} = e^{1/4} - e^{-1/4}$$

LÍMITE Y CONTINUIDAD

EJERCICIOS 3.3

Resolver las indeterminaciones de la forma $\infty - \infty$

1) $\lim\limits_{x \to +\infty} \left(\sqrt{x-1} - x \right)$

2) $\lim\limits_{x \to +\infty} \left(2x - \sqrt{x+3} \right)$

3) $\lim\limits_{x \to +\infty} \left(\sqrt{x^3 + 1} - \sqrt{x^3 - 1} \right)$

4) $\lim\limits_{x \to +\infty} \left(\sqrt{x^4 + 16} - \sqrt{x^2 - 4} \right)$

5) $\lim\limits_{x \to +\infty} \left(\sqrt{\sqrt{x} + x} - \sqrt{x} \right)$

6) $\lim\limits_{x \to -\infty} \left(\sqrt{x^2 + 5x + 6} - \sqrt{x^2 + 2x} \right)$

7) $\lim\limits_{x \to -\infty} x \left(\sqrt{x^2 - 9} - \sqrt{x^2 + 9} \right)$

8) $\lim\limits_{x \to +\infty} \left(\sqrt{x} - \sqrt{x(x+1)} \right)$

9) $\lim\limits_{x \to +\infty} x^2 \left(\sqrt{x^4 + 2} - x^2 \right)$

10) $\lim\limits_{x \to -\infty} \left(x + \sqrt{1 + x^2 + x^4} \right)$

11) $\lim\limits_{x \to +\infty} \left(\sqrt{x^2 + x} - \sqrt{4x^2 + 5x} + x \right)$

12) $\lim\limits_{x \to +\infty} \left(\sqrt{x} + \sqrt{x+1} - \sqrt{x+2} \right)$

13) $\lim\limits_{n \to +\infty} \left(\sqrt{n-1} + n\sqrt{n} - \sqrt{2n+1} \right)$

14) $\lim\limits_{n \to +\infty} \left(\sqrt{n + \sqrt{3n + \sqrt{5n}}} - \sqrt{n} \right)$

15) $\lim\limits_{x \to +\infty} \left(\sqrt[3]{x} - \sqrt[3]{x+1} \right)$

16) $\lim\limits_{x \to +\infty} \left(\sqrt[3]{x^3 + 8} - \sqrt[3]{x^3 - 8} \right)$

17) $\lim\limits_{x \to +\infty} \left(\sqrt{x^2 + x} - \sqrt[3]{x^3 - 2} \right)$

18) $\lim\limits_{x \to +\infty} \left(\sqrt[4]{x + x^3} - \sqrt{x+2} \right)$

19) $\lim\limits_{x \to +\infty} \left(\sqrt[3]{x^6 + 2x^3 + 1} - x^2 \right)$

20) $\lim\limits_{x \to +\infty} \left(\sqrt{x^2 + 1} - x + \sqrt{x-1} \right)$

21) $\lim\limits_{x \to +\infty} \dfrac{1}{\sqrt{x^2 - 3} - \sqrt{x^2 + 3}}$

22) $\lim\limits_{x \to -\infty} \dfrac{1}{\sqrt[4]{x^2 + 2} - \sqrt[4]{x^2 - 2}}$

23) $\lim\limits_{x \to 0^+} \left(\sqrt{\dfrac{1}{x} + \sqrt{\dfrac{1}{x}}} - \sqrt{\dfrac{1}{x} - \sqrt{\dfrac{1}{x}}} \right)$

24) $\lim\limits_{x \to 0^+} \left(\sqrt[3]{\dfrac{2}{x}} - \sqrt[3]{\dfrac{1}{x}} \right)$

FORMAS INDETERMINADAS

25) $\lim_{x\to 3^+}\left(\dfrac{1}{x^2-9}-\dfrac{1}{x-3}\right)$

26) $\lim_{x\to 1^-}\left(\dfrac{3}{x^3-1}-\dfrac{2}{x^2-1}\right)$

27) $\lim_{x\to 1}\left(\dfrac{4}{\sqrt[3]{x}-1}-\dfrac{6}{\sqrt{x}-1}\right)$

28) $\lim_{x\to 1}\left(\dfrac{5x}{x-1}-\dfrac{1}{\sqrt[5]{x}-1}\right)$

29) $\lim_{x\to 0^+}\left(\dfrac{1}{sen\,x}-\dfrac{1}{tg\,x}\right)$

30) $\lim_{x\to \pi/2^-}\left(tg\,x-\dfrac{1}{sen(2x)}\right)$

31) $\lim_{x\to 0^+}\left(\dfrac{1}{sen(2x)}-\dfrac{1}{sen(5x)}+\dfrac{1}{sen(9x)}\right)$

32) $\lim_{x\to 0^+}\left(\dfrac{1}{x}-\cos ec\,x-tg\,x\right)$

33) $\lim_{x\to 0^+}\left(\ln\left(\dfrac{1}{x^2}\right)-\ln\left(\dfrac{1}{x^4}\right)\right)$

34) $\lim_{x\to 1^+}\left(\dfrac{1}{\sqrt[3]{x-1}}-\dfrac{1}{\sqrt[5]{x-1}}\right)$

35) $\lim_{x\to \infty}\left(\ln|x+3|-\ln|8x+15|\right)$

36) $\lim_{x\to 0^+}\left(\dfrac{1}{e^{2x}-1}-\dfrac{1}{e^{x}-1}\right)$

37) $\lim_{x\to +\infty}\ln\left(\sqrt{x^2+x}-x\right)$

38) $\lim_{x\to +\infty}\ln\left(e^{2x}-e^{x}\right)$

39) $\lim_{x\to +\infty}arcsen\left(x-\sqrt{x(x+1)}\right)$

40) $\lim_{x\to +\infty}e^{\arccos\left(\sqrt{x}-\sqrt{x-2}\right)}$

41) $\lim_{x\to +\infty}\left(sen\sqrt{x^4+4}-sen\,x^2\right)$

42) $\lim_{x\to +\infty}\left(sen\left(\ln\left(x^2+1\right)\right)-sen\left(\ln x^2\right)\right)$

43) $\lim_{x\to +\infty}\dfrac{senh\sqrt{9x^2+6x}-senh\sqrt{9x^2-6x}}{e^{3x}}$

44) $\lim_{x\to +\infty}\left(x-\ln(2\cosh x)\right)$

45) $\lim_{n\to +\infty}\left(n!-(n-1)!\right)\quad n\in N$

46) $\lim_{n\to +\infty}\left(\ln n!-\ln(n+1)!\right)\quad n\in N$

Ejercicios diversos

Hallar las constantes a y b según corresponda.

47) $\lim_{x\to +\infty}\left(\sqrt{x^2+ax}-\sqrt{x^2-bx}\right)=3$ y $\lim_{x\to -\infty}\left(\sqrt{x^2+ax}-\sqrt{x^2-bx}\right)=-3$

48) $\lim\limits_{x \to +\infty}\left(\sqrt{4x^2+ax}-\sqrt{4x^2+bx}\right)=\dfrac{1}{4}$ y $\lim\limits_{x \to -\infty}\left(\sqrt{4x^2+ax}-\sqrt{4x^2+bx}\right)=-2$

Dada la función $f(x)$, hallar los valores de $k>0$ según se indica.

49) $f(x)=\sqrt{64x^2+kx}-8x$ y $\lim\limits_{x \to +\infty} f(x) \geq 10$

50) $f(x)=\sqrt{x^2+10x}-\sqrt{x^2+4kx}$ y $\lim\limits_{x \to +\infty} f(x) \leq -4$

Calcular el límite de la función $f(x)$ en los siguientes casos.

51) $\lim\limits_{x \to -\infty} e^{u(x)} = 0$ si $u(x)=-x-f(x)$

52) $\lim\limits_{x \to 1^-} \left(\ln(1-x)+2f(x)\right)=+\infty$

3.4 Indeterminación 1^∞

EJEMPLO 58)

$\lim\limits_{x \to 0}(1+5x)^{1/x}$

Para resolver la indeterminación 1^∞ llevamos la expresión dada a la forma del límite notable

$$\lim\limits_{u \to 0}(1+u)^{1/u} = e$$

Efectuamos entonces, la siguiente transformación.

$$\lim\limits_{x \to 0}(1+5x)^{1/x} = \lim\limits_{x \to 0}\left((1+5x)^{1/5x}\right)^{5x \cdot 1/x} = e^5$$

EJEMPLO 59)

$\lim\limits_{x \to +\infty}\left(1+\dfrac{4}{x+1}\right)^{2x-3}$

La indeterminación es del tipo $1^{+\infty}$. Para resolverla llevamos la expresión dada a la forma del límite notable

$$\lim\limits_{u \to +\infty}\left(1+\dfrac{1}{u}\right)^u = e$$

FORMAS INDETERMINADAS

Entonces, efectuamos la siguiente transformación

$$\lim_{x\to+\infty}\left(1+\frac{4}{x+1}\right)^{2x-3} = \lim_{x\to+\infty}\left(\left(1+\frac{1}{\frac{x+1}{4}}\right)^{\frac{x+1}{4}}\right)^{\frac{4}{x+1}(2x-3)}$$

Se observa que el exponente de la última expresión tiende a 8 para valores crecientes de x; esto es $\lim_{x\to+\infty}\frac{4}{x+1}(2x-3) = \lim_{x\to+\infty}\frac{8x-12}{x+1} = 8$

Luego

$$\lim_{x\to+\infty}\left(1+\frac{4}{x+1}\right)^{2x-3} = e^8$$

EJEMPLO 60)

$$\lim_{x\to+\infty}\left(\frac{x+5}{x-3}\right)^{-4x}$$

En este caso la indeterminación es del tipo $1^{-\infty}$; para eliminarla procedemos de la siguiente manera

$$\lim_{x\to+\infty}\left(\frac{x+5}{x-3}\right)^{-4x} = \lim_{x\to+\infty}\left(\frac{x+5}{x-3}-1+1\right)^{-4x} = \lim_{x\to+\infty}\left(1+\frac{x+5-(x-3)}{x-3}\right)^{-4x} =$$

$$= \lim_{x\to+\infty}\left(1+\frac{8}{x-3}\right)^{-4x} = \lim_{x\to+\infty}\left(\left(1+\frac{1}{\frac{x-3}{8}}\right)^{\frac{x-3}{8}}\right)^{\frac{8}{x-3}(-4x)} = e^{\lim_{x\to+\infty}\frac{-32x}{x-3}} = e^{-32}$$

EJEMPLO 61)

$$\lim_{x\to-\infty}\left(\frac{\sqrt[3]{x}+1}{\sqrt[3]{x}}\right)^{x}$$

Escribimos $\lim_{x\to-\infty}\left(\frac{\sqrt[3]{x}+1}{\sqrt[3]{x}}\right)^{x} = \lim_{x\to-\infty}\left(1+\frac{1}{\sqrt[3]{x}}\right)^{x}$

Entonces

$$\lim_{x\to-\infty}\left(1+\frac{1}{\sqrt[3]{x}}\right)^x = \lim_{x\to-\infty}\left(\left(1+\frac{1}{\sqrt[3]{x}}\right)^{\sqrt[3]{x}}\right)^{\frac{1}{\sqrt[3]{x}}}\right)^x = e^{\lim_{x\to-\infty}\frac{x}{\sqrt[3]{x}}} = +\infty$$

pues $\lim\limits_{x\to-\infty}\dfrac{x}{\sqrt[3]{x}} = \lim\limits_{x\to-\infty} x^{2/3} = +\infty$

EJEMPLO 62)

$$\lim_{x\to+\infty}\left(\frac{x^2+2x-3}{x^2+3x-10}\right)^{x^2}$$

En este caso escribimos

$$\lim_{x\to+\infty}\left(\frac{x^2+2x-3}{x^2+3x-10}\right)^{x^2} = \lim_{x\to+\infty}\left(\frac{x^2+2x-3}{x^2+3x-10}-1+1\right)^{x^2} =$$

$$= \lim_{x\to+\infty}\left(1+\frac{7-x}{x^2+3x-10}\right)^{x^2}$$

Como la última igualdad es de la forma $1^{+\infty}$ puede llevarse al número e haciendo

$$\lim_{x\to+\infty}\left(1+\frac{7-x}{x^2+3x-10}\right)^{x^2} = \lim_{x\to+\infty}\left(\left(1+\frac{1}{\frac{x^2+3x-10}{7-x}}\right)^{\frac{x^2+3x-10}{7-x}}\right)^{\frac{7-x}{x^2+3x-10}x^2}$$

$$\lim_{x\to+\infty}\left(1+\frac{7-x}{x^2+3x-10}\right)^{x^2} = e^{\lim_{x\to+\infty}\frac{7-x}{x^2+3x-10}x^2} = 0$$

pues

$$\lim_{x\to+\infty}\frac{(7-x)x^2}{x^2+3x-10} = \lim_{x\to+\infty}\frac{7x^2-x^3}{x^2+3x-10} = -\infty$$

FORMAS INDETERMINADAS

EJEMPLO 63)

$$\lim_{x\to 0^+} \sqrt[x]{1+tgx}$$

Escribimos $\lim_{x\to 0^+} \sqrt[x]{1+tgx} = \lim_{x\to 0^+} (1+tgx)^{1/x} = \lim_{x\to 0^+} \left((1+tgx)^{1/tgx}\right)^{tgx/x} = e$

EJEMPLO 64)

$$\lim_{x\to 0} (\cos x)^{4/x}$$

Efectuamos la siguiente transformación

$$\lim_{x\to 0} (\cos x)^{4/x} = \lim_{x\to 0} (1+\cos x - 1)^{4/x} = \lim_{x\to 0} \left((1+\cos x - 1)^{1/(\cos x - 1)}\right)^{(\cos x - 1)4/x}$$

De la última igualdad, el límite de la base es el número e y el límite del exponente lo calculamos a continuación.

$$\lim_{x\to 0} \frac{(\cos x - 1)4}{x} = \lim_{x\to 0} \frac{-4(1-\cos x)}{x} = \lim_{x\to 0} \frac{-4(1-\cos x)(1+\cos x)}{x(1+\cos x)} =$$

$$= \lim_{x\to 0} \frac{-4sen^2 x}{x(1+\cos x)} = \lim_{x\to 0} \frac{-4x sen^2 x}{x^2(1+\cos x)} = \lim_{x\to 0} \frac{-4x}{1+\cos x} = 0$$

En consecuencia $\lim_{x\to 0} (\cos x)^{4/x} = e^0 = 1$

EJEMPLO 65)

$$\lim_{x\to a} \left(\frac{senx}{sena}\right)^{\frac{1}{x-a}} \;;\; sena \neq 0$$

Escribimos

$$\lim_{x\to a} \left(\frac{senx}{sena}\right)^{\frac{1}{x-a}} = \lim_{x\to a} \left(\frac{senx}{sena}+1-1\right)^{\frac{1}{x-a}} = \lim_{x\to a} \left(1+\frac{senx - sena}{sena}\right)^{\frac{1}{x-a}}$$

Efectuamos el cambio de variable $t = x - a$ y resulta

$$\lim_{x\to a} \left(\frac{senx}{sena}\right)^{\frac{1}{x-a}} = \lim_{t\to 0} \left(1+\frac{sen(t+a) - sena}{sena}\right)^{\frac{1}{t}}$$

Luego

LÍMITE Y CONTINUIDAD

$$\lim_{x \to a} \left(\frac{senx}{sena} \right)^{\frac{1}{x-a}} = \lim_{t \to 0} \left\{ \left(1 + \frac{sen(t+a) - sena}{sena} \right)^{\frac{sena}{sen(t+a)-sena}} \right\}^{\frac{1}{t} \frac{sen(t+a)-sena}{sena}}$$

La expresión encerrada entre llaves tiende al número e; calculamos ahora el límite del exponente.

$$\lim_{t \to 0} \frac{1}{t} \frac{sen(t+a) - sena}{sena} = \lim_{t \to 0} \frac{sent \cos a + \cos t \, sena - sena}{t \, sena} =$$

$$= \lim_{t \to 0} \left(\frac{sent \cos a}{t \, sena} + \frac{(\cos t - 1) sena}{t \, sena} \right) = \frac{\cos a}{sena} + \lim_{t \to 0} \frac{\cos t - 1}{t} =$$

$$= \frac{\cos a}{sena} + \lim_{t \to 0} \frac{(\cos t - 1)(\cos t + 1)}{t(\cos t + 1)} = \frac{\cos a}{sena} + \lim_{t \to 0} \frac{-sen^2 t}{t(\cos t + 1)} =$$

$$= \frac{\cos a}{sena} + \lim_{t \to 0} \frac{-sent}{t} \frac{sent}{\cos t + 1} = \frac{\cos a}{sena} + 0 = \frac{\cos a}{sena}$$

Luego $\lim_{x \to a} \left(\frac{senx}{sena} \right)^{\frac{1}{x-a}} = e^{\frac{\cos a}{sena}}$

EJEMPLO 66)

$$\lim_{x \to 0} \left(\frac{9^x + 11^x}{2} \right)^{1/x}$$

Efectuamos la siguiente transformación

$$\lim_{x \to 0} \left(\frac{9^x + 11^x}{2} \right)^{1/x} = \lim_{x \to 0} \left(\frac{9^x + 11^x}{2} + 1 - 1 \right)^{1/x} = \lim_{x \to 0} \left(1 + \frac{9^x + 11^x - 2}{2} \right)^{1/x} =$$

$$= \lim_{x \to 0} \left\{ \left(1 + \frac{9^x + 11^x - 2}{2} \right)^{\frac{2}{9^x + 11^x - 2}} \right\}^{\frac{9^x + 11^x - 2}{2x}}$$

La expresión encerrada entre llaves tiende al número e; calculamos ahora el límite del exponente.

$$\lim_{x \to 0} \frac{9^x + 11^x - 2}{2x} = \frac{1}{2} \lim_{x \to 0} \frac{9^x - 1 + 11^x - 1}{x} = \frac{1}{2} \left(\lim_{x \to 0} \frac{9^x - 1}{x} + \lim_{x \to 0} \frac{11^x - 1}{x} \right)$$

Luego

FORMAS INDETERMINADAS

$$\lim_{x \to 0} \frac{9^x - 1}{x} = \ln 9 \quad \text{y} \quad \lim_{x \to 0} \frac{11^x - 1}{x} = \ln 11 \text{; por lo tanto}$$

$$\lim_{x \to 0} \frac{9^x + 11^x - 2}{2x} = \frac{1}{2}(\ln 9 + \ln 11) = \frac{1}{2} \ln 99 = \ln \sqrt{99}$$

Entonces

$$\lim_{x \to 0} \left(\frac{9^x + 11^x}{2} \right)^{1/x} = e^{\ln \sqrt{99}} = \sqrt{99}$$

EJEMPLO 67)

$$\lim_{x \to +\infty} \frac{(x+2)^{x+2}(x+3)^{x+3}}{(x+5)^{2x+5}}$$

En este caso, operando con la fracción, se tiene

$$\frac{(x+2)^{x+2}(x+3)^{x+3}}{(x+5)^{2x+5}} = \frac{(x+2)^2 (x+2)^x (x+3)^3 (x+3)^x}{(x+5)^{2x}(x+5)^5} =$$

$$= \frac{x^x\left(1+\frac{2}{x}\right)^x x^x\left(1+\frac{3}{x}\right)^x (x+2)^2 (x+3)^3}{x^{2x}\left(1+\frac{5}{x}\right)^{2x}(x+5)^5} = \frac{\left(1+\frac{2}{x}\right)^x \left(1+\frac{3}{x}\right)^x (x+2)^2 (x+3)^3}{\left(1+\frac{5}{x}\right)^{2x}(x+5)^5}$$

Ahora puede verificarse que

$$\lim_{x \to +\infty}\left(1+\frac{2}{x}\right)^x = e^2; \quad \lim_{x \to +\infty}\left(1+\frac{3}{x}\right)^x = e^3; \quad \lim_{x \to +\infty}\left(1+\frac{5}{x}\right)^{2x} = e^{10}$$

y $\lim_{x \to +\infty} \frac{(x+2)^2(x+3)^3}{(x+5)^5} = 1$

Luego $\lim_{x \to +\infty} \frac{(x+2)^{x+2}(x+3)^{x+3}}{(x+5)^{2x+5}} = \frac{e^2 e^3}{e^{10}} \cdot 1 = e^{-5}$

EJEMPLO 68)

Sea $f(x) = \frac{mx+n}{4x+2}$, determinar si es posible las constantes m y n tales que

$$\lim_{x \to +\infty} (f(x))^{8x} = e^{10}$$

LÍMITE Y CONTINUIDAD

Como el límite da como resultado e^{10} podemos asignar a m el valor 4 y así obtener una indeterminación del tipo $1^{+\infty}$; entonces

$$\lim_{x \to +\infty} \left(\frac{4x+n}{4x+2}\right)^{8x} = e^{10}$$

Luego para hallar n, se tiene

$$\lim_{x \to +\infty} \left(\frac{4x+n}{4x+2}\right)^{8x} = \lim_{x \to +\infty} \left(\frac{4x+n}{4x+2}+1-1\right)^{8x} = \lim_{x \to +\infty} \left(1+\frac{n-2}{4x+2}\right)^{8x} =$$

$$= \lim_{x \to +\infty} \left[\left(1+\frac{n-2}{4x+2}\right)^{\frac{4x+2}{n-2}}\right]^{\frac{n-2}{4x+2}8x}$$

La expresión encerrada entre corchetes tiende al número e; calculamos entonces el límite del exponente.

$$\lim_{x \to +\infty} \frac{(n-2)8x}{4x+2} = \lim_{x \to +\infty} \frac{8nx-16x}{4x+2} = \frac{8n-16}{4} = 2n-4$$

Luego

$$\lim_{x \to +\infty} \left(\frac{4x+n}{4x+2}\right)^{8x} = e^{2n-4}$$

Pero según el ejemplo dado $\lim_{x \to +\infty} (f(x))^{8x} = e^{10}$, por lo tanto

$$e^{2n-4} = e^{10}$$

y resulta

$$2n-4 = 10 \quad \Rightarrow \quad n = 7$$

FORMAS INDETERMINADAS

EJERCICIOS 3.4

Resolver las indeterminaciones de la forma 1^∞

1) $\lim\limits_{x\to 0}(1+6x)^{4/x}$

2) $\lim\limits_{x\to 0}\left(1+\dfrac{x}{2}\right)^{2/x}$

3) $\lim\limits_{x\to 0^+}(1+\sqrt{x})^{1/x}$

4) $\lim\limits_{x\to 0^+}(1+x)^{1/\sqrt{x}}$

5) $\lim\limits_{x\to 0^-}(1+x^2)^{1/x^3}$

6) $\lim\limits_{x\to 0^+}(1+x^6)^{1/x}$

7) $\lim\limits_{x\to 0^+}\sqrt[x]{1+senx}$

8) $\lim\limits_{x\to 0^+}\sqrt[x]{1+4tgx}$

9) $\lim\limits_{x\to +\infty}\left(1+\dfrac{5}{x}\right)^{x}$

10) $\lim\limits_{x\to +\infty}\left(1-\dfrac{1}{x}\right)^{2x}$

11) $\lim\limits_{x\to +\infty}\left(1-\dfrac{3}{x-2}\right)^{4x-2}$

12) $\lim\limits_{x\to +\infty}\left(1-\dfrac{7}{x+2}\right)^{x+6}$

13) $\lim\limits_{x\to +\infty}\left(1+\dfrac{8}{4x-1}\right)^{-3x+1}$

14) $\lim\limits_{x\to +\infty}\left(1+\dfrac{1}{x+5}\right)^{-x}$

15) $\lim\limits_{x\to -\infty}\left(1+\dfrac{1}{x-1}\right)^{2x-1}$

16) $\lim\limits_{x\to -\infty}\left(1+\dfrac{10}{x}\right)^{5x}$

17) $\lim\limits_{x\to -\infty}\left(1+\dfrac{5}{2x}\right)^{x+10}$

18) $\lim\limits_{x\to -\infty}\left(1-\dfrac{2}{x}\right)^{5x}$

19) $\lim\limits_{x\to -\infty}\left(1+\dfrac{2}{x-1}\right)^{x^2+1}$

20) $\lim\limits_{x\to -\infty}\left(1+\dfrac{5}{x+5}\right)^{x^2+2x}$

21) $\lim\limits_{x\to +\infty}\left(1+\dfrac{2}{x}\right)^{x^5}$

22) $\lim\limits_{x\to +\infty}\left(1+\dfrac{1}{6x+1}\right)^{x^2}$

LÍMITE Y CONTINUIDAD

23) $\lim\limits_{x \to +\infty} \left(1 - \dfrac{1}{x^2}\right)^{-3x}$

24) $\lim\limits_{x \to +\infty} \left(1 + \dfrac{1}{x^3}\right)^{10x}$

25) $\lim\limits_{x \to +\infty} \left(\dfrac{x+3}{x-1}\right)^{x^2-3}$

26) $\lim\limits_{x \to +\infty} \left(\dfrac{x+1}{x+3}\right)^{4x-2}$

27) $\lim\limits_{x \to +\infty} \left(\dfrac{6x-2}{6x+5}\right)^{6x}$

28) $\lim\limits_{x \to +\infty} \left(\dfrac{5-10x}{2-10x}\right)^{-4x}$

29) $\lim\limits_{x \to +\infty} \left(\dfrac{x^2+4x-12}{x^2+3x-10}\right)^{2x+10}$

30) $\lim\limits_{x \to +\infty} \left(\dfrac{x^3+x}{x^3+x^2+x+1}\right)^{5x-2}$

31) $\lim\limits_{x \to -\infty} \left(\dfrac{x^2-5x+4}{x^2-4x+3}\right)^{\frac{x+3}{2}}$

32) $\lim\limits_{x \to +\infty} \left(\dfrac{4x^2}{4x^2+4}\right)^{4x}$

33) $\lim\limits_{x \to +\infty} \left(\dfrac{x+1}{x}\right)^{\sqrt{x+1}}$

34) $\lim\limits_{x \to +\infty} \left(\dfrac{2x+1}{2x}\right)^{1+\sqrt{x}}$

35) $\lim\limits_{x \to +\infty} \left(\dfrac{\sqrt{x}+1}{\sqrt{x}}\right)^{1-\sqrt{x}}$

36) $\lim\limits_{x \to +\infty} \left(\dfrac{\sqrt{x}-1}{\sqrt{x}+1}\right)^{2\sqrt{x}}$

37) $\lim\limits_{x \to -\infty} \left(1 + \dfrac{\sqrt[5]{x}}{\sqrt[3]{x}}\right)^{2\sqrt[3]{x^2}}$

38) $\lim\limits_{x \to -\infty} \left(1 + \dfrac{4}{\sqrt[3]{x}}\right)^{x}$

39) $\lim\limits_{x \to +\infty} \left(\dfrac{1-\sqrt[3]{x}}{8-\sqrt[3]{x}}\right)^{\sqrt[3]{x}-1}$

40) $\lim\limits_{x \to +\infty} \left(\dfrac{1+\sqrt{x+1}}{\sqrt{x+1}}\right)^{\sqrt{x+1}}$

41) $\lim\limits_{x \to +\infty} \left(\dfrac{3^x+2}{3^x-1}\right)^{3^{x+1}}$

42) $\lim\limits_{x \to -\infty} \left(\dfrac{1+e^x}{1-e^x}\right)^{e^{2x}}$

43) $\lim\limits_{x \to +\infty} \left(\dfrac{\ln x+2}{\ln x-1}\right)^{2\ln x}$

44) $\lim\limits_{x \to +\infty} \left(\dfrac{\log x}{\log x+10}\right)^{3\log x}$

FORMAS INDETERMINADAS

45) $\lim\limits_{x\to 0}\left(\dfrac{1-x^2}{x+1}\right)^{1/x}$

46) $\lim\limits_{x\to 0}\left(\dfrac{2-9x}{2+3x}\right)^{10/x}$

47) $\lim\limits_{x\to 0}(1+sen(2x))^{1/2x}$

48) $\lim\limits_{x\to 0}(1+sen(5x))^{6/x}$

49) $\lim\limits_{x\to 0}(1+tgx)^{5/senx}$

50) $\lim\limits_{x\to 0}(1-3tgx)^{1/2x}$

51) $\lim\limits_{x\to\pi}(1+senx)^{2\cosec x}$

52) $\lim\limits_{x\to\pi/2}(1-2\cos^2 x)^{3\sec^2 x}$

53) $\lim\limits_{x\to 1}(1+tg(x\pi))^{1/sen(x\pi)}$

54) $\lim\limits_{x\to 2}(3-x)^{\sec u}$; $u=\dfrac{x\pi}{4}$

55) $\lim\limits_{x\to\pi/6}\left(\dfrac{senx}{sen(\pi/6)}\right)^{1/(x-\frac{\pi}{6})}$

56) $\lim\limits_{x\to\pi/3}\left(\dfrac{tgx}{tg(\pi/3)}\right)^{1/(x-\frac{\pi}{3})}$

57) $\lim\limits_{x\to 0}\left(\dfrac{1+senx}{1-tgx}\right)^{1/sen^3 x}$

58) $\lim\limits_{x\to 0}\left(sen^2 x+6tg^2 x+\cos^2 x\right)^{\frac{cotg^2 x}{4}}$

59) $\lim\limits_{x\to\pi/4}(tgx)^{1/\cot g(2x)}$

60) $\lim\limits_{x\to\pi/2}(senx)^{1/\cot g x}$

61) $\lim\limits_{x\to 0}\left(\dfrac{1+senx}{1+tgx}\right)^{1/tgx}$

62) $\lim\limits_{x\to 0}\left(tg(x+\dfrac{\pi}{4})\right)^{1/tgx}$

63) $\lim\limits_{x\to 0}(\cos x-senx)^{1/5x}$

64) $\lim\limits_{x\to 0}\sqrt[3x^2]{\sec x}$

65) $\lim\limits_{x\to 0^+}\sqrt[x]{\ln(x+e)}$

66) $\lim\limits_{x\to 1^+}\sqrt[x-1]{x}$

67) $\lim\limits_{x\to 4}(x-3)^{1/(x^2-16)}$

68) $\lim\limits_{x\to 4}\left(\dfrac{x}{4}\right)^{1/(x^2-5x+4)}$

69) $\lim\limits_{x\to 0}\left(e^{2x}+x\right)^{1/x}$

70) $\lim\limits_{x\to 0}\left(\dfrac{e^{ax}+x}{e^{bx}+x}\right)^{1/x}$

71) $\lim\limits_{x \to 0} (\cos(2x))^{1/x}$

72) $\lim\limits_{x \to 0^+} \sqrt[x]{1+arctgx}$

73) $\lim\limits_{x \to 0} (\cosh x)^{1/x^2}$

74) $\lim\limits_{x \to 0} (1+senhx)^{1/\tanh x}$

Resolver

75) $\lim\limits_{x \to +\infty} \left(\dfrac{3^{1/x}+5^{1/x}+7^{1/x}}{3} \right)^{3x}$

76) $\lim\limits_{x \to 0} \left(\dfrac{2^{x+2}+3^{x+2}}{13} \right)^{1/x}$

77) $\lim\limits_{x \to +\infty} \dfrac{(x+3)^{3x+3}(x+4)^{4x+4}}{(x+7)^{7x+7}}$

78) $\lim\limits_{x \to +\infty} \dfrac{(x-3)^{2x-3}}{(x-1)^{x-1}(x-2)^{x-2}}$

Mostrar que

79) $\lim\limits_{x \to 0} \left(\dfrac{1+xm^x}{1+xn^x} \right)^{1/x^2} = \dfrac{m}{n}$ m y n números naturales

80) $\lim\limits_{x \to +\infty} \left(1 - \dfrac{1-\sqrt[x]{a}}{b} \right)^x = \sqrt[b]{a}$ $a>0$ y $b>0$

Ejercicios diversos

81) Cuál es el valor de c tal que $\lim\limits_{x \to +\infty} \dfrac{(x+c)^{2x}}{(x^2+4)^x} = e^{-1}$

82) Sea $\lim\limits_{x \to +\infty} \dfrac{f(x)}{x^3+1} = 6$, obtener una función $f(x)$ que cumpla la igualdad y luego calcular $\lim\limits_{x \to +\infty} \left(\dfrac{x^3+7}{x^3+5} \right)^{xf(x)}$

83) Sea $f(n) = \dfrac{k^n}{9^n} \left(\dfrac{2n+3}{2n-4} \right)^n$; qué valores toma la constante $k>0$, para que

a) $\lim\limits_{n \to +\infty} f(n) = 0$;   b) $\lim\limits_{n \to +\infty} f(n) = +\infty$;   c) Si $k=9$ determinar $\lim\limits_{n \to +\infty} f(n)$

FORMAS INDETERMINADAS

84) Sea $f(n) = \dfrac{4^n}{k^n}\left(\dfrac{5n+1}{4n-4}\right)^n$; qué valores toma la constante $k > 0$, para que

a) $\lim\limits_{n \to +\infty} f(n) = 0$; b) $\lim\limits_{n \to +\infty} f(n) = +\infty$; c) Si $k = 5$ determinar $\lim\limits_{n \to +\infty} f(n)$

85) Determinar los valores de $c \neq 0$ tales que $\lim\limits_{x \to 0}(1 + senx)^{(c^2 - 6c)/tgx} = e^{-5}$

86) Determinar el valor de $c > 0$ tal que $\lim\limits_{x \to 0}(x + c^x)^{1/x} = e^2$

Calcular, si existe, $\lim\limits_{x \to +\infty} f(x)$

87) $\dfrac{e^{-6}}{4}\left(1 + \dfrac{2}{x}\right)^{3x+1} < 12f(x) - \dfrac{7}{4} < \dfrac{x+1}{4x-1} - \dfrac{\pi}{x^2}$

88) $\dfrac{\pi \cos x}{\sqrt{x}} < 2 - f(x) < \left(\dfrac{x+3}{x-2}\right)^{\ln x}$

3.5 Indeterminaciones 0^0; $0 . \infty$; ∞^0

EJEMPLO 69)

$\lim\limits_{x \to 0^+} x^x$

La indeterminación es del tipo 0^0.

Haciendo $y = x^x$ resulta $\ln y = x \ln x$ $\Rightarrow$ $\lim\limits_{x \to 0^+} \ln y = \lim\limits_{x \to 0^+} x \ln x$ (1)

Calculamos ahora $\lim\limits_{x \to 0^+} x \ln x$

El límite tiene la forma indeterminada $0.(-\infty)$, entonces

$\lim\limits_{x \to 0^+} x \ln x = \lim\limits_{x \to 0^+} \dfrac{\ln x}{\frac{1}{x}} = \lim\limits_{u \to +\infty} \dfrac{\ln(1/u)}{u} = \lim\limits_{u \to +\infty} \dfrac{\ln 1 - \ln u}{u} = \lim\limits_{u \to +\infty}\left(-\dfrac{\ln u}{u}\right) = 0$

Se utilizó el cambio de variable $u = \dfrac{1}{x}$ y el límite notable $\lim\limits_{u \to +\infty} \dfrac{\ln u}{u} = 0$

Luego en (1) es

$\lim\limits_{x \to 0^+} \ln y = 0 \Rightarrow \ln\left(\lim\limits_{x \to 0^+} y\right) = 0 \Rightarrow \lim\limits_{x \to 0^+} y = 1 \Rightarrow \lim\limits_{x \to 0^+} x^x = 1$

EJEMPLO 70)

$$\lim_{x \to +\infty} (x^2 + x)^{1/\ln x}$$

La indeterminación es del tipo $+\infty^0$. Haciendo $y = (x^2 + x)^{1/\ln x}$ se tiene

$$\ln y = \frac{1}{\ln x} \ln(x^2 + x) \Rightarrow \lim_{x \to +\infty} \ln y = \lim_{x \to +\infty} \frac{1}{\ln x} \ln(x^2 + x) \quad (1)$$

Resolvemos

$$\lim_{x \to +\infty} \frac{1}{\ln x} \ln(x^2 + x) = \lim_{x \to +\infty} \frac{\ln\left((1 + \frac{1}{x})x^2\right)}{\ln x} = \lim_{x \to +\infty} \frac{\ln(1 + \frac{1}{x}) + \ln x^2}{\ln x} =$$

$$= \lim_{x \to +\infty} \frac{\ln(1 + \frac{1}{x})}{\ln x} + \lim_{x \to +\infty} \frac{\ln x^2}{\ln x} = 0 + \lim_{x \to +\infty} \frac{2 \ln x}{\ln x} = 2$$

Luego en (1) es

$$\lim_{x \to +\infty} \ln y = 2 \Rightarrow \ln \lim_{x \to +\infty} y = 2 \Rightarrow \lim_{x \to +\infty} y = e^2 \Rightarrow \lim_{x \to +\infty} (x^2 + x)^{1/\ln x} = e^2$$

EJEMPLO 71)

$$\lim_{x \to +\infty} \sqrt[x]{1 + 10^x}$$

La indeterminación es del tipo $+\infty^0$; luego

$$\lim_{x \to +\infty} \sqrt[x]{1 + 10^x} = \lim_{x \to +\infty} \sqrt[x]{10^x \left(\frac{1}{10^x} + 1\right)} = \lim_{x \to +\infty} 10 \sqrt[x]{\frac{1}{10^x} + 1} =$$

$$= \lim_{x \to +\infty} 10 \left(\frac{1}{10^x} + 1\right)^{1/x} = 10$$

EJEMPLO 72)

$$\lim_{x \to +\infty} \frac{1}{x} \log(a^x + b^x) \text{ si } a > 0; \ b > 0 \text{ y } a < b$$

La indeterminación es del tipo $0.(+\infty)$; se resuelve haciendo

$$\lim_{x \to +\infty} \frac{1}{x} \log(a^x + b^x) = \lim_{x \to +\infty} \frac{1}{x} \log\left(\left(\frac{a^x}{b^x} + 1\right) b^x\right) =$$

FORMAS INDETERMINADAS

$$\lim_{x\to+\infty}\frac{1}{x}\left(\log\left(\left(\frac{a}{b}\right)^x+1\right)+\log b^x\right) = \lim_{x\to+\infty}\frac{1}{x}\log\left(\left(\frac{a}{b}\right)^x+1\right) + \lim_{x\to+\infty}\frac{1}{x}\log b^x$$

Calculamos el primer límite.

$$\lim_{x\to+\infty}\frac{1}{x}\log\left(\left(\frac{a}{b}\right)^x+1\right) = \lim_{x\to+\infty}\frac{1}{x}\log 1 = 0$$

Nótese que $\left(\dfrac{a}{b}\right)^x \to 0$ cuando $x\to+\infty$ por que $a<b$.

Calculamos el segundo límite.

$$\lim_{x\to+\infty}\frac{1}{x}\log b^x = \lim_{x\to+\infty}\frac{1}{x}\cdot x\log b = \log b$$

En consecuencia

$$\lim_{x\to+\infty}\frac{1}{x}\log(a^x+b^x) = 0 + \log b = \log b$$

EJEMPLO 73)

$$\lim_{x\to 2^-}(2-x)tg^2\left(\frac{\pi x}{4}\right)$$

La indeterminación es de la forma $0.(+\infty)$.

Haciendo $u = 2-x \Rightarrow x = 2+u$. Si $x \to 2^-$ entonces $u \to 0^+$

Luego

$$\lim_{x\to 2^-}(2-x)tg^2\left(\frac{\pi x}{4}\right) = \lim_{u\to 0^+} u\, tg^2\left(\frac{\pi(2+u)}{4}\right) = \lim_{u\to 0^+} u\, tg^2\left(\frac{\pi}{2}+\frac{\pi u}{4}\right) =$$

$$= \lim_{u\to 0^+} u\cot g^2\left(\frac{\pi u}{4}\right) = \lim_{u\to 0^+} u\frac{1}{tg^2\left(\frac{\pi u}{4}\right)} = \lim_{u\to 0^+}\frac{u}{\dfrac{tg^2\left(\dfrac{\pi u}{4}\right)}{\left(\dfrac{\pi u}{4}\right)^2}\left(\dfrac{\pi u}{4}\right)^2} =$$

$$= \lim_{u\to 0^+}\frac{16u}{\pi^2 u^2} = \lim_{u\to 0^+}\frac{16}{\pi^2 u} = +\infty$$

EJERCICIOS 3.5

Resolver las indeterminaciones de la forma 0^0 ; $0.\infty$; ∞^0

1) $\lim\limits_{x \to 0^+} x^{2x}$

2) $\lim\limits_{x \to 0^+} x^{\sqrt{x}}$

3) $\lim\limits_{x \to 0^+} x^{1/\ln x}$

4) $\lim\limits_{x \to 0^+} x^{1/\ln^2 x}$

5) $\lim\limits_{x \to 0^+} x^{1/\sqrt[3]{\ln x}}$

6) $\lim\limits_{x \to 0^+} \left(\sqrt[n]{x}\right)^x$; $n \in N$

7) $\lim\limits_{x \to 0^+} x^{\operatorname{sen} x}$

8) $\lim\limits_{x \to 0^+} (\operatorname{sen} x)^x$

9) $\lim\limits_{x \to 0^+} (tg x)^{tg x}$

10) $\lim\limits_{x \to 0^+} (1 - \cos x)^x$

11) $\lim\limits_{x \to +\infty} \left(\operatorname{sen}\left(\dfrac{\pi}{x}\right)\right)^{1/\ln x}$

12) $\lim\limits_{x \to +\infty} \left(\dfrac{1}{x^2}\right)^{1/x}$

13) $\lim\limits_{x \to +\infty} \sqrt[x]{x}$

14) $\lim\limits_{x \to +\infty} x^{1/\sqrt{x}}$

15) $\lim\limits_{x \to +\infty} \sqrt[x]{\ln x}$

16) $\lim\limits_{x \to +\infty} (\ln x)^{1/\ln x}$

17) $\lim\limits_{x \to +\infty} x^{1/\ln x}$

18) $\lim\limits_{x \to +\infty} (\ln x)^{\operatorname{sen}(\pi/x)}$

19) $\lim\limits_{x \to +\infty} x^{\frac{\ln x}{x}}$

20) $\lim\limits_{x \to +\infty} x^{\frac{\operatorname{sen} x}{x}}$

21) $\lim\limits_{x \to 1^+} \left(\dfrac{1}{x-1}\right)^{x^2-1}$

22) $\lim\limits_{x \to 1^+} \left(\dfrac{1}{x^2-1}\right)^{x-1}$

23) $\lim\limits_{x \to +\infty} \left(\sqrt{x} + x\right)^{2/\ln x}$

24) $\lim\limits_{x \to +\infty} \left(\log x^2\right)^{1/x^2}$

FORMAS INDETERMINADAS

25) $\lim\limits_{x \to 0} \left(\dfrac{1}{tg^2 x} \right)^{sen^2 x}$

26) $\lim\limits_{x \to 0^+} \left(\dfrac{1}{sen^2 x} \right)^{1-\cos x}$

27) $\lim\limits_{x \to 0^+} arctg\left(x^{4senx} \right)$

28) $\lim\limits_{x \to 0^+} arcsen\left(x^{senx} \right)$

29) $\lim\limits_{x \to +\infty} \sqrt[x]{a^x - b^x} \quad a > b > 0$

30) $\lim\limits_{x \to +\infty} \sqrt[x]{\left(4^x + 5^x \right)^2}$

31) $\lim\limits_{x \to 0^+} \dfrac{1}{\log x} \sqrt[x]{10}$

32) $\lim\limits_{x \to 0^+} 2^{1/x} tgx$

33) $\lim\limits_{x \to 0^+} x \ln x^2$

34) $\lim\limits_{x \to 0^+} \dfrac{1}{x} \sqrt[x]{\dfrac{1}{e}}$

35) $\lim\limits_{x \to 0^+} \left(2^x - 1 \right) \dfrac{1}{x}$

36) $\lim\limits_{x \to 0^+} \left(2^{senx} - 1 \right) \dfrac{\pi}{tgx}$

37) $\lim\limits_{x \to +\infty} xe^{-x^2}$

38) $\lim\limits_{x \to -\infty} e^x (x^2 + 1)$

39) $\lim\limits_{x \to 0} \dfrac{1}{x^2} (1 - \cos x)$

40) $\lim\limits_{x \to 0} \dfrac{1}{x^2 + x} senx$

41) $\lim\limits_{x \to 0^+} e^{senx \ln x}$

42) $\lim\limits_{x \to 0^+} e^{-tgx \ln x}$

43) $\lim\limits_{x \to 4^+} (x - 4) tg\left(\dfrac{\pi x}{8} \right)$

44) $\lim\limits_{x \to 1^+} (x - 1) tg^2 \left(\dfrac{\pi x}{2} \right)$

45) $\lim\limits_{x \to +\infty} x \left(\dfrac{\pi}{2} - arctgx \right)$

46) $\lim\limits_{x \to +\infty} x^2 \left(\cos\left(\dfrac{1}{x}\right) - 1 \right)$

Ejercicios Diversos

Resuelva los siguientes ejercicios y determine qué formas de indeterminaciones se presentan en el desarrollo de los mismos.

47) $\lim\limits_{n \to +\infty} \sec^n \left(\dfrac{1}{\sqrt{n}} \right) \quad n \in N$

48) $\lim\limits_{x \to 0^+} (senhx)^{\tanh x}$

49) $\lim\limits_{x \to 0^+} (1 + x)^{\ln(tgx)}$

50) $\lim\limits_{x \to 0^+} (1 + x + arcsenx)^{\ln x}$

LÍMITE Y CONTINUIDAD

Calcular el límite de la función $f(x)$ en los siguientes casos.

51) $\lim\limits_{x\to+\infty} \left(x^2+\sqrt{x}\right)f(x) = 0$

52) $\lim\limits_{x\to 0^-} x^2 f(x) = +\infty$

53) $\lim\limits_{x\to-\infty} \log(1-2x)\dfrac{1}{f(x)} = 0$

54) $\lim\limits_{x\to 0^+} \operatorname{sen} x\, f(x) = +\infty$

Calcular $\lim\limits_{x\to+\infty} f(x)$, si es posible.

55) $x^{1/(x+1)} < f(x)+\dfrac{1}{3} < 1+\dfrac{\operatorname{sen} x}{x^2}$

56) $\left(\dfrac{1+8x}{x}\right)^x < \left(\dfrac{f(x)}{4}+4\right)^x < 8^x\,\dfrac{x^3+1}{x^2}$

4

ASÍNTOTAS

La gráfica de una función puede presentar ciertas rectas llamadas asíntotas. Se dan a continuación las definiciones correspondientes.

Asíntota vertical

La recta $x = a$ es una asíntota vertical de la gráfica de una función $f(x)$ si y solo si los valores de $f(x)$ crecen o decrecen indefinidamente para x próximos a a.

Las siguientes figuras ilustran lo enunciado

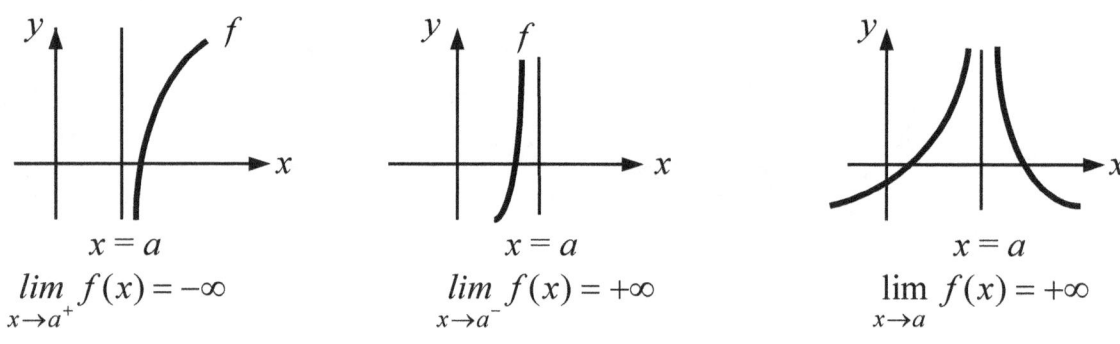

$$x = a \qquad\qquad x = a \qquad\qquad x = a$$
$$\lim_{x \to a^+} f(x) = -\infty \qquad \lim_{x \to a^-} f(x) = +\infty \qquad \lim_{x \to a} f(x) = +\infty$$

EJEMPLO 1)

Determinar la ecuación de la asíntota vertical de $f(x) = \dfrac{1}{x-2}$

Se observa que $x = 2$ anula el denominador de la expresión de $f(x)$; calculamos entonces el límite de la función para $x \to 2^+$ y $x \to 2^-$

$$\lim_{x \to 2^+} f(x) = +\infty \quad \text{y} \quad \lim_{x \to 2^-} f(x) = -\infty$$

Luego $x = 2$ es una asíntota vertical de $f(x)$

Represéntese gráficamente.

LÍMITE Y CONTINUIDAD

EJEMPLO 2)

Hallar si existe la asíntota vertical de $g(x) = \dfrac{x^2 - 1}{x + 1}$

En $x = -1$ se anula el denominador; luego se determina el límite de $g(x)$ para $x \to -1^+$ y $x \to -1^-$

$$\lim_{x \to -1^+} g(x) = -2 \quad \text{y} \quad \lim_{x \to -1^-} g(x) = -2$$

Luego la función no presenta asíntota vertical.

EJEMPLO 3)

Hallar la asíntota vertical de $f(x) = \ln x^2$

La función no está definida en $x = 0$. Entonces $\lim\limits_{x \to 0^+} \ln x^2 = -\infty$ y $\lim\limits_{x \to 0^-} \ln x^2 = -\infty$

Luego $x = 0$ es una asíntota vertical.

EJEMPLO 4)

Determinar las ecuaciones de las asíntotas verticales de $f(x) = \dfrac{x}{x^2 - 9}$

La función no está definida en $x = 3$ y en $x = -3$ pues se anula el denominador.

Luego se calcula el límite de $f(x)$ para $x \to 3^+$; $x \to 3^-$; $x \to -3^+$ y $x \to -3^-$

$$\lim_{x \to 3^+} f(x) = +\infty \quad \lim_{x \to 3^-} f(x) = -\infty \quad \lim_{x \to -3^+} f(x) = +\infty \quad \lim_{x \to -3^-} f(x) = -\infty$$

Entonces $x = 3$ y $x = -3$ son asíntotas verticales.

El gráfico es

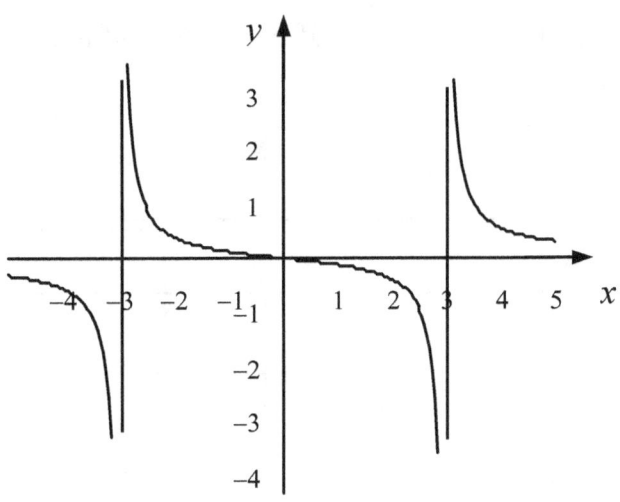

ASÍNTOTAS

Asíntota horizontal

La recta $y = L$ es una asíntota horizontal de la gráfica de $f(x)$ si los valores de la función se aproximan a L cuando $x \to +\infty$ o $x \to -\infty$

En las siguientes figuras se ilustra lo enunciado.

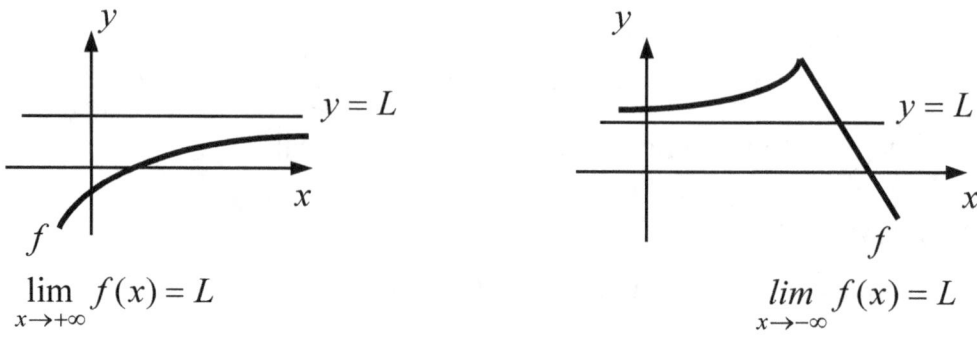

$$\lim_{x \to +\infty} f(x) = L \qquad\qquad \lim_{x \to -\infty} f(x) = L$$

EJEMPLO 5)

Determinar si $f(x) = 1 + e^{-x}$ presenta una asíntota horizontal.

Si $x \to +\infty$ resulta $\lim_{x \to +\infty} f(x) = 1$; luego $y = 1$ es una asíntota horizontal de la función. Nótese que si $x \to -\infty$ resulta $\lim_{x \to -\infty} f(x) = +\infty$

Represéntese gráficamente.

EJEMPLO 6)

Hallar si existen asíntotas horizontales para la función $f(x) = \dfrac{x}{\sqrt{1+4x^2}}$

Si $x \to +\infty$ se tiene $\lim_{x \to +\infty} f(x) = \dfrac{1}{2}$. Para $x \to -\infty$, se efectúa el cambio de variable $x = -t$ y $\lim_{t \to +\infty} f(-t) = -\dfrac{1}{2}$. Por lo tanto $y = \dfrac{1}{2}$; $y = -\dfrac{1}{2}$ son asíntotas horizontales. Obsérvese el gráfico correspondiente.

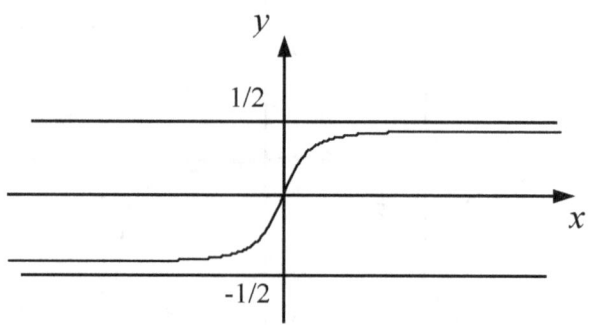

Asíntota oblicua

La recta $y = mx + b$ es una asíntota oblicua de la gráfica de $f(x)$ si
$$\lim_{x \to +\infty} [f(x) - (mx + b)] = 0$$
o bien
$$\lim_{x \to -\infty} [f(x) - (mx + b)] = 0$$

Es decir, la diferencia entre $f(x)$ e $y = mx + b$ tiende a 0 cuando x crece o decrece indefinidamente.

La siguiente figura ilustra el caso en que $x \to +\infty$

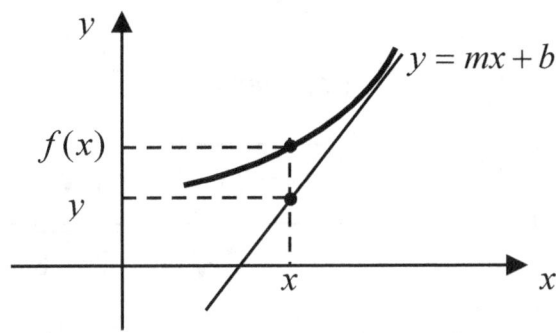

Nótese que cuando $x \to +\infty$, $(f(x) - y) \to 0$

Para calcular la pendiente m y la ordenada al origen b de la asíntota se tiene
$$\lim_{x \to +\infty} [f(x) - (mx + b)] = 0 \qquad (1)$$
$$\lim_{x \to +\infty} x \left[\frac{f(x)}{x} - m - \frac{b}{x} \right] = 0$$

Como $x \to +\infty$ resulta que
$$\lim_{x \to +\infty} \left[\frac{f(x)}{x} - m - \frac{b}{x} \right] = 0 \implies m = \lim_{x \to +\infty} \frac{f(x)}{x}$$

Ahora, al tener el valor de m se obtiene b aplicando (1); es decir
$$b = \lim_{x \to +\infty} [f(x) - mx]$$

Análogamente se obtiene m y b para $x \to -\infty$

ASÍNTOTAS

EJEMPLO 7)

Hallar si existe la asíntota oblicua de $f(x) = \sqrt{x^2 - 6x + 8}$

La recta correspondiente tiene como ecuación $y = mx + b$
Se procede a calcular m y b.
Si $x \to +\infty$ es

$$m = \lim_{x \to +\infty} \frac{f(x)}{x}$$

$$m = \lim_{x \to +\infty} \frac{\sqrt{x^2 - 6x + 8}}{x} = \lim_{x \to +\infty} \sqrt{\frac{x^2}{x^2} - \frac{6x}{x^2} + \frac{8}{x^2}} = 1$$

$$b = \lim_{x \to +\infty} [f(x) - mx]$$

$$b = \lim_{x \to +\infty} \left[\sqrt{x^2 - 6x + 8} - 1.x\right] = \lim_{x \to +\infty} \frac{\left(\sqrt{x^2 - 6x + 8} - x\right)\left(\sqrt{x^2 - 6x + 8} + x\right)}{\sqrt{x^2 - 6x + 8} + x} =$$

$$= \lim_{x \to +\infty} \frac{\left(\sqrt{x^2 - 6x + 8}\right)^2 - x^2}{\sqrt{x^2 - 6x + 8} + x} = \lim_{x \to +\infty} \frac{-6x + 8}{\sqrt{x^2 - 6x + 8} + x}$$

Dividiendo la última expresión entre x resulta $b = -3$
Luego la asíntota tiene como ecuación
$$y = x - 3$$

Si $x \to -\infty$ se procede de la misma manera, obteniéndose
$$y = -x + 3$$

Por lo tanto la función presenta 2 asíntotas oblicuas como se observa en el gráfico.

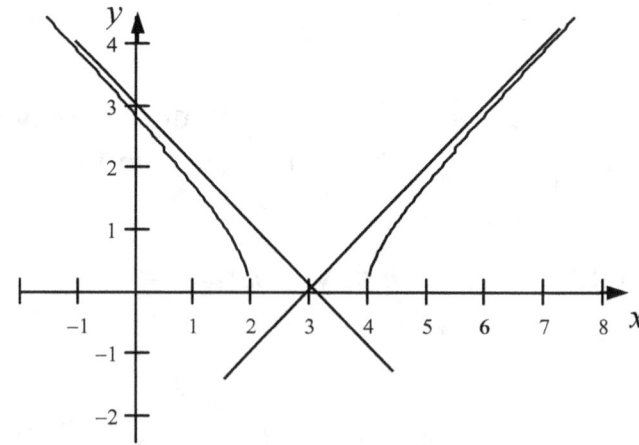

LÍMITE Y CONTINUIDAD

EJEMPLO 8)

Hallar la asíntota oblicua de $f(x) = \dfrac{2x^3 - 1}{x^2 + 1}$

Si $x \to +\infty$ es

$$m = \lim_{x \to +\infty} \frac{f(x)}{x} = \lim_{x \to +\infty} \frac{(2x^3 - 1)(x^2 + 1)}{x} = 2$$

$$b = \lim_{x \to +\infty} [f(x) - mx] = \lim_{x \to +\infty} \left(\frac{2x^3 - 1}{x^2 + 1} - 2x \right) = \lim_{x \to +\infty} \frac{2x^3 - 1 - 2x(x^2 + 1)}{x^2 + 1} =$$

$$= \lim_{x \to +\infty} \frac{2x^3 - 1 - 2x(x^2 + 1)}{x^2 + 1} = \lim_{x \to +\infty} \frac{-1 - 2x}{x^2 + 1} = 0$$

Entonces la recta $y = 2x$ es la asíntota oblicua de $f(x)$.

Para $x \to -\infty$ se obtiene la misma ecuación.

EJEMPLO 9)

Determinar si existe una asíntota oblicua para $f(x) = \dfrac{1}{x} + \ln x$

Como la función está definida solamente para $x > 0$ calculamos m y b para $x \to +\infty$

$$m = \lim_{x \to +\infty} \frac{\frac{1}{x} + \ln x}{x} = 0$$

Luego $f(x)$ no presenta asíntota oblicua pues $m = 0$

ASÍNTOTAS

EJERCICIOS 4

Hallar las ecuaciones de las asíntotas, en el caso que existan, de las siguientes funciones.

1) $f(x) = \dfrac{4}{x-4}$

2) $f(x) = \dfrac{1}{1-x}$

3) $f(x) = \dfrac{1}{(2-x)^2}$

4) $f(x) = -\dfrac{1}{x}$

5) $f(x) = \dfrac{2x}{4x-1}$

6) $f(x) = \dfrac{3-x}{x+5}$

7) $f(x) = \dfrac{x-1}{x^2+2x-3}$

8) $f(x) = \dfrac{x^2}{1-x}$

9) $f(x) = -1 + \dfrac{x}{x^2+1}$

10) $f(x) = \dfrac{x^2+3x-10}{\dfrac{x^2}{3}-x+\dfrac{2}{3}}$

11) $f(x) = \dfrac{8x}{\sqrt{4x^2+1}}$

12) $f(x) = \dfrac{1-2x}{\sqrt{x^2-9}}$

13) $f(x) = \dfrac{\sqrt{x}+1}{\sqrt{x}-1}$

14) $f(x) = \sqrt{\dfrac{2x}{3+5x}}$

15) $f(x) = \dfrac{x^2-9}{x+9}$

16) $f(x) = \dfrac{x^3-3x^2}{x^2+x}$

17) $f(x) = \dfrac{x^3-x^2-x+1}{x+1}$

18) $f(x) = \dfrac{x^4-1}{x^3-1}$

19) $f(x) = \ln(x-3)$

20) $f(x) = \ln(6-x)$

21) $f(x) = \ln(x^2-5x+6)$

22) $f(x) = \ln(x-3)^2$

23) $f(x) = tg\left(x - \dfrac{\pi}{2}\right)$

24) $f(x) = \sec(2x)$

LÍMITE Y CONTINUIDAD

25) $f(x) = e^x - 1$

26) $f(x) = e^{-x} + 1$

27) $f(x) = e^{-x^2}$

28) $f(x) = xe^{-x}$

29) $f(x) = \sqrt{x^2 + 2x - 3}$

30) $f(x) = \sqrt{x^2 - 8x + 15}$

31) $f(x) = \dfrac{\sqrt{x^2 - 4}}{x - 2}$

32) $f(x) = \dfrac{x^2 + 1}{\sqrt{4x^2 + 36}}$

33) $f(x) = \dfrac{x^2}{\sqrt{x^2 - 1}}$

34) $f(x) = \dfrac{x^2}{\sqrt{1 - x^2}}$

35) $f(x) = \dfrac{\sqrt{x^2 + 4x - 12}}{\sqrt{9x^2 - 5x + 10}}$

36) $f(x) = \dfrac{\sqrt{x^2 - 9}}{\sqrt{x^2 - 16}}$

37) $f(x) = \dfrac{x}{2} + \sqrt{1 + \dfrac{x^2}{4}}$

38) $f(x) = \dfrac{x}{2} - \sqrt{9 + \dfrac{x^2}{4}}$

39) $f(x) = \sqrt[x]{3}$

40) $f(x) = 2 + 2^{1/x}$

41) $f(x) = \dfrac{\operatorname{sen} x}{x}$

42) $f(x) = 1 + 4 \sec x$

43) $f(x) = \operatorname{arctg} x$

44) $f(x) = \tanh x$

45) $f(x) = \left(\dfrac{1}{2}\right)^x$

46) $f(x) = 3^{-\sqrt{x}} + 1$

47) $f(x) = 4^{\ln x}$

48) $f(x) = 10^{-\ln x}$

Hallar las asíntotas que correspondan, de las siguientes funciones.

49) $f(x) = \dfrac{\dfrac{1}{x+1} - \dfrac{1}{x}}{\dfrac{1}{x} - \dfrac{1}{x-1}}$

50) $f(x) = \ln\left(1 + e^{-4x}\right)$

51) $f(x) = 2x + \arccos(1/x)$

52) $f(x) = \operatorname{arg tanh}(1/x)$

ASÍNTOTAS

53) $f(x) = \dfrac{4-x^2}{x|x-2|}$

54) $f(x) = \dfrac{1}{\sqrt{|x-1|}}$

Representar las siguientes funciones y obtener las ecuaciones de sus asíntotas.

55) $f(x) = \begin{cases} x+4 & si \ x \geq 2 \\ \dfrac{1}{2-x} & si \ x < 2 \end{cases}$

56) $f(x) = \begin{cases} \dfrac{1}{x} & si \ x < 0 \\ x^2 & si \ x \geq 0 \end{cases}$

57) $f(x) = \begin{cases} \ln(x-1) & si \ 1 < x \leq 2 \\ e^x & si \ x \leq 1 \end{cases}$

58) $f(x) = \begin{cases} \ln|x| & si \ x \neq 0 \\ 1 & si \ x = 0 \end{cases}$

59) $f(x) = \begin{cases} \dfrac{x+1}{x-3} & si \ x \neq 3 \\ sen\left(\dfrac{\pi}{x}\right) & si \ x = 3 \end{cases}$

60) $f(x) = \begin{cases} \sqrt{x+1} & si \ x \geq -1 \\ \dfrac{1}{x+1} & si \ x < -1 \end{cases}$

Determinar si las siguientes funciones presentan asíntotas verticales.

61) $f(x) = \dfrac{x^3-64}{4-x}$

62) $f(x) = \dfrac{\sec^2 x - 1}{x^2}$

63) $f(x) = \dfrac{x^2-25}{\sqrt{x}-\sqrt{5}}$

64) $f(x) = \dfrac{3}{3-3^{\frac{1}{x+1}}}$

Determinar si las siguientes funciones poseen asíntotas horizontales.

65) $f(x) = senx - sen\sqrt{x^2+1}$

66) $f(x) = x^6\sqrt{x^4-1} - x^8$

Determinar si las siguientes funciones admiten asíntotas oblicuas.

67) $f(x) = xe^{1/\ln x}$

68) $f(x) = x\ln\left(\dfrac{1}{x} + e\right)$

LÍMITE Y CONTINUIDAD

Ejercicios diversos

69) Si $f(x) = 2 + \dfrac{3}{x-2}$, determinar una función lineal g, tal que $f(g(x))$ presente una asíntota vertical en $x = 5$

70) Hallar las ecuaciones de las asíntotas de la función compuesta $f(g(x))$ si $f(x) = \dfrac{x^2}{9-2x^2}$ y $g(x) = 3x+1$

71) Sea $f(x) = \dfrac{x+6}{2x-4}$, hallar las ecuaciones de las asíntotas de la función inversa $f^{-1}(x)$

72) Determinar si la función $f(x) = \ln\left(\dfrac{1-x}{x+1}\right)$ presenta alguna asíntota. En caso afirmativo dar las ecuaciones correspondientes.

73) Hallar las constantes a, b y c de la función $f(x) = \dfrac{cx^3}{2x^2+ax+b}$ tal que admita una asíntota vertical $x = -3$ y una asíntota oblicua $y = 4x-6$

74) Sean $f(x) = 3x+1$ y $g(x) = \dfrac{x}{ax+7}$, hallar el valor de a para que la función compuesta $g(f(x))$ presente una asíntota vertical en $x = -4$

75) Determinar el valor de a para que la función $f(x) = \dfrac{-3(a+5)x^2 + x}{(a+4)x^2 + ax}$ admita la asíntota horizontal $y = -6$

76) Sea $f(x) = \dfrac{40x^2}{x^3 + ax^2 - 100x + 300}$, hallar un número a tal que $f(x)$ presente una asíntota vertical en $x = 8$

ASÍNTOTAS

Hallar las constantes r y k tales que las funciones f y g tengan las mismas asíntotas.

77) $f(x) = \dfrac{x^3 + 2x - 3}{x^2 + rx + k}$ $\qquad g(x) = \dfrac{x^2 + 5x + 1}{x + 3}$

78) $f(x) = \dfrac{(k+r)x + 2}{x - 4}$ $\qquad g(x) = \dfrac{3rx + 5}{k - 4x + 2r}$

Sean las siguientes funciones, hallar las constantes s y t tales que las mismas presenten las asíntotas indicadas.

79) $f(x) = \dfrac{x^2 - 9}{2sx + 4t}$ $\qquad y = \dfrac{5}{3}x + 6$

80) $f(x) = \dfrac{sx^2 + 3x + 1}{4x + t}$ $\qquad y = -2x - 1$

LÍMITE Y CONTINUIDAD

5

DEFINICIÓN DE LÍMITE

La definición formal de límite puede resumirse en cuatro casos posibles que presentamos a continuación.

5.1 Caso 1)

$$\lim_{x \to a} f(x) = L$$

Se ha visto que L es el límite de $f(x)$ cuando x tiende a a si los valores de $f(x)$ pueden aproximarse tanto como se quiera a dicho número L para valores cercanos a a.

Esta aproximación se mide mediante un número positivo arbitrario y pequeño designado con ε (épsilon); luego se puede escribir

$$|f(x) - L| < \varepsilon \qquad (1)$$

Por ejemplo si se desea que la aproximación entre los valores de $f(x)$ y L sea menor que $\frac{1}{10}$ se indica $|f(x) - L| < \frac{1}{10}$

Ahora bien, al fijar ε en forma arbitraria, se requiere que los valores de x estén próximos a a de tal manera que se cumpla la desigualdad (1).

Esta aproximación entre x y a se mide con un número positivo designado con δ (delta); luego se puede escribir

$$0 < |x - a| < \delta \qquad (2)$$

nótese que $|x - a| > 0$ pues $x \neq a$ ya que la función no necesariamente está definida en $x = a$.

Téngase presente que δ depende de la elección de ε; es decir para un cierto valor de ε se obtiene un δ tal que si se cumple la desigualdad (2) entonces debe cumplirse la desigualdad (1).

Luego una función tiene límite L cuando x tiende a a si y solo si para valores de x que cumplen $0 < |x - a| < \delta$, los valores de $f(x)$ satisfacen $|f(x) - L| < \varepsilon$

LÍMITE Y CONTINUIDAD

DEFINICIÓN

El límite de $f(x)$ es L cuando x tiende a a si y solo si para todo $\varepsilon > 0$, arbitrario y suficientemente pequeño, existe un $\delta > 0$ que depende de ε tal que el valor absoluto de la diferencia entre los valores de la función y L puede hacerse tan pequeña como se quiera con tal de tomar valores de x cercanos a a.

En símbolos
$$\lim_{x \to a} = L \Leftrightarrow \forall \varepsilon > 0, \exists \delta(\varepsilon) \text{ tal que } |f(x) - L| < \varepsilon \text{ siempre que } 0 < |x - a| < \delta$$

El siguiente gráfico ilustra la definición.

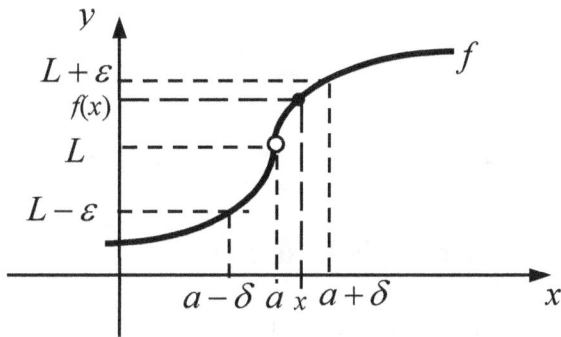

En este caso la función f no está definida en $x = a$ y el límite es L cuando $x \to a$. Al fijar un $\varepsilon > 0$ queda determinado un $\delta > 0$ tal que si x pertenece al intervalo $(a - \delta, a + \delta)$ y $x \neq a$ entonces $f(x)$ debe pertenecer al intervalo $(L - \varepsilon, L + \varepsilon)$. Esto es equivalente a escribir $|f(x) - L| < \varepsilon$ siempre que $0 < |x - a| < \delta$

Observaciones.

La definición requiere elegir primero un ε para luego determinar un δ.

Puede ocurrir que al buscar una relación entre ε y δ queden determinados, por ejemplo, un δ_1 y un δ_2. Para que se cumpla la definición se elige el menor δ; esto se escribe $\delta = mín(\delta_1, \delta_2)$.

DEFINICIÓN DE LÍMITE

EJEMPLO 1)

Si el límite de $f(x) = 3x - 1$ es 5 cuando $x \to 2$ determinar un δ para $\varepsilon = \frac{1}{10}$

Según la definición se tiene

$$\forall \varepsilon > 0, \exists \delta(\varepsilon) \text{ tal que } |f(x) - L| < \varepsilon \text{ siempre que } 0 < |x - a| < \delta$$

En nuestro caso $|\underbrace{3x - 1}_{f(x)} - \underbrace{5}_{L}| < \underbrace{\frac{1}{10}}_{\varepsilon}$ siempre que $0 < |x - 2| < \delta$

Determinamos δ para un $\varepsilon = \frac{1}{10}$

Es necesario, cuando se quiere obtener un δ, partir de una desigualdad conveniente. Se observará enseguida que debemos partir de la desigualdad $|(3x - 1) - 5| < \frac{1}{10}$. En efecto

$$|3x - 6| < \frac{1}{10} \Leftrightarrow |3(x - 2)| < \frac{1}{10} \Leftrightarrow 3|x - 2| < \frac{1}{10} \Leftrightarrow |x - 2| < \frac{1}{30}$$

Como $0 < |x - 2| < \delta \Rightarrow |x - 2| < \delta$ y siendo $|x - 2| < \frac{1}{30}$ puede tomarse $\delta = \frac{1}{30}$ para que se cumpla la definición; entonces

$$|(3x - 1) - 5| < \frac{1}{10} \text{ siempre que } 0 < |x - 2| < \frac{1}{30}$$

Si se quiere expresar en notación de intervalo estas desigualdades se tiene

$$|f(x) - 5| < \frac{1}{10} \Leftrightarrow -\frac{1}{10} < f(x) - 5 < \frac{1}{10} \Leftrightarrow \frac{49}{10} < f(x) < \frac{51}{10} \Leftrightarrow f(x) \in \left(\frac{49}{10}, \frac{51}{10}\right)$$

Además

$$0 < |x - 2| < \frac{1}{30} \Leftrightarrow -\frac{1}{30} < x - 2 < \frac{1}{30} \wedge x \neq 2 \Leftrightarrow \frac{59}{30} < x < \frac{61}{30} \wedge x \neq 2$$

o bien $x \in \left(\frac{59}{30}, \frac{61}{30}\right)$ y $x \neq 2$

Esto significa que $f(x) \in \left(\frac{49}{10}, \frac{51}{10}\right)$ siempre que $x \in \left(\frac{59}{30}, \frac{61}{30}\right) \wedge x \neq 2$

Se ha visto en el ejemplo que para un $\varepsilon = \frac{1}{10}$ se obtiene un $\delta = \frac{1}{30}$; ¿puede tomarse un $\delta_1 > 0$ y menor a $\frac{1}{30}$ que cumpla con la definición?

LÍMITE Y CONTINUIDAD

EJEMPLO 2)

Demostrar que $\lim\limits_{x \to 4}(2x+7) = 15$

Según la definición se tiene

$$|(2x+7)-15| < \varepsilon \quad \text{siempre que} \quad 0 < |x-4| < \delta \qquad (1)$$

Primero determinamos δ para cualquier ε que se elija.

Partiendo de $|2x+7-15| < \varepsilon$ resulta

$$|2x-8| < \varepsilon \Leftrightarrow |2(x-4)| < \varepsilon \Leftrightarrow 2|x-4| < \varepsilon \Leftrightarrow |x-4| < \frac{\varepsilon}{2}$$

Luego puede tomarse $\delta = \dfrac{\varepsilon}{2}$ para que se cumpla (1); esto nos lleva al segundo paso del ejercicio que es la demostración.

$$0 < |x-4| < \delta \Rightarrow |x-4| < \frac{\varepsilon}{2} \Rightarrow 2|x-4| < \varepsilon \Rightarrow |2x-8| < \varepsilon \Rightarrow |(2x+7)-15| < \varepsilon$$

EJEMPLO 3)

Demostrar que $\lim\limits_{x \to 1}(2x^2 + x + 1) = 4$

Según la definición se tiene

$\forall \varepsilon > 0, \exists \delta(\varepsilon)$ tal que $|(2x^2+x+1)-4| < \varepsilon$ siempre que $0 < |x-1| < \delta$ (1)

Determinamos $\delta(\varepsilon)$

Partiendo de $|(2x^2+x+1)-4| < \varepsilon$ resulta $|2x^2+x-3| < \varepsilon$ y siendo $2x^2+x-3 = (x-1)(2x+3)$ se tiene

$$|(x-1)(2x+3)| < \varepsilon \Leftrightarrow |x-1||2x+3| < \varepsilon \qquad (2)$$

Se observa que aparece el factor $|2x+3|$ en (2), entonces imponemos una condición para δ haciendo $\delta = 1$, luego

$0 < |x-1| < \delta \Rightarrow |x-1| < 1 \Rightarrow -1 < x-1 < 1 \Rightarrow 0 < x < 2 \Rightarrow 0 < 2x < 4 \Rightarrow$
$\Rightarrow 3 < 2x+3 < 7 \Rightarrow |2x+3| < 7$

Entonces si $0 < |x-1| < \delta$ y $|2x+3| < 7$ resulta $|x-1||2x+3| < 7\delta$

Como se desea que se cumpla la desigualdad (2) debe elegirse

$7\delta = \varepsilon \Rightarrow \delta = \dfrac{\varepsilon}{7}$

Se tienen así dos condiciones para δ; por un lado se tomó $\delta = 1$ y luego se obtuvo $\delta = \dfrac{\varepsilon}{7}$. De acuerdo al valor que se asigne a ε se requiere el menor δ

DEFINICIÓN DE LÍMITE

para que se cumpla la proposición (1), es decir $\delta = mín\left(1, \dfrac{\varepsilon}{7}\right)$

Efectuamos ahora la siguiente demostración.

$$0 < |x-1| < \delta \Rightarrow |x-1| < \frac{\varepsilon}{7} \Rightarrow 7|x-1| < \varepsilon \Rightarrow |2x+3||x-1| < \varepsilon \Rightarrow$$

$$\Rightarrow |(x-1)(2x+3)| < \varepsilon \Rightarrow |2x^2 + x - 3| < \varepsilon \Rightarrow |(2x^2 + x + 1) - 4| < \varepsilon$$

EJEMPLO 4)

Hallar un $\delta(\varepsilon)$ tal que $\lim\limits_{x \to 2}(x^3 - 8) = 0$

Según la definición es $|x^3 - 8| < \varepsilon$ siempre que $0 < |x - 2| < \delta$

Determinamos $\delta(\varepsilon)$

Siendo $x^3 - 8 = (x-2)(x^2 + 2x + 4)$ resulta

$$|x^3 - 8| = |(x-2)(x^2 + 2x + 4)| = |x-2||x^2 + 2x + 4| < \varepsilon \quad (1)$$

En (1) aparece el factor $|x^2 + 2x + 4|$; haciendo $\delta = 1$ es

$$0 < |x-2| < \delta \Rightarrow |x-2| < 1 \Rightarrow -1 < x-2 < 1 \Rightarrow 1 < x < 3 \Rightarrow |x| < 3 \quad (2)$$

Siendo $|x^2 + 2x + 4| \le |x^2| + |2x| + 4$ resulta por (2)

$$|x^2 + 2x + 4| < 3^2 + 6 + 4 = 19$$

Luego si $0 < |x-2| < \delta$ y $|x^2 + 2x + 4| < 19$ es $|x-2||x^2 + 2x + 4| < 19\delta$

Entonces se tiene $19\delta = \varepsilon \Rightarrow \delta = \dfrac{\varepsilon}{19}$

Luego debe requerirse el menor δ entre 1 y $\dfrac{\varepsilon}{19}$; esto es $\delta = mín\left(1, \dfrac{\varepsilon}{19}\right)$

EJEMPLO 5)

Determinar $\delta(\varepsilon)$ tal que $\lim\limits_{x \to -3} \dfrac{x}{x+4} = -3$

Por definición se tiene

$$\left|\dfrac{x}{x+4} + 3\right| < \varepsilon \text{ con tal que se cumpla } 0 < |x+3| < \delta$$

Determinamos $\delta(\varepsilon)$ partiendo de $\left|\dfrac{x}{x+4} + 3\right| < \varepsilon$

LÍMITE Y CONTINUIDAD

$$\left|\frac{x}{x+4}+3\right| = \left|\frac{x+3(x+4)}{x+4}\right| = \left|\frac{4x+12}{x+4}\right| = \frac{4|x+3|}{|x+4|} < \varepsilon \quad \text{que se puede escribir}$$

$$|x+3|\frac{4}{|x+4|} < \varepsilon \qquad (1)$$

En (1) aparece el factor $\frac{4}{|x+4|}$ por lo tanto imponiendo la condición $\delta = \frac{1}{2}$,

(¿qué ocurre si se elige $\delta = 1$?) resulta

$$0 < |x+3| < \delta \;\Rightarrow\; |x+3| < \frac{1}{2} \;\Rightarrow\; -\frac{1}{2} < x+3 < \frac{1}{2} \;\Rightarrow\; -\frac{7}{2} < x < -\frac{5}{2} \;\Rightarrow$$

$$\Rightarrow \; \frac{1}{2} < x+4 < \frac{3}{2} \;\Rightarrow\; 2 > \frac{1}{x+4} > \frac{2}{3} \;\Rightarrow\; \frac{1}{|x+4|} < 2 \;\Rightarrow\; \frac{4}{|x+4|} < 8$$

Luego si $0 < |x+3| < \delta$ y $\frac{4}{|x+4|} < 8$ resulta $|x+3|\frac{4}{|x+4|} < 8\delta$

Entonces puede tomarse $8\delta = \varepsilon \;\Rightarrow\; \delta = \frac{\varepsilon}{8}$

Luego $\delta = \min\left(\frac{1}{2}, \frac{\varepsilon}{8}\right)$

EJEMPLO 6)

Hallar $\delta(\varepsilon)$ si $\lim\limits_{x \to 2} \sqrt{x} = \sqrt{2}$

Por definición se tiene $\left|\sqrt{x} - \sqrt{2}\right| < \varepsilon$ siempre que $0 < |x-2| < \delta$

Determinamos $\delta(\varepsilon)$

$$\left|\sqrt{x}-\sqrt{2}\right| = \left|\frac{(\sqrt{x}-\sqrt{2})(\sqrt{x}+\sqrt{2})}{(\sqrt{x}+\sqrt{2})}\right| = \left|\frac{x-2}{\sqrt{x}+\sqrt{2}}\right| = |x-2|\frac{1}{|\sqrt{x}+\sqrt{2}|} < \varepsilon \qquad (1)$$

En (1) aparece el factor $\frac{1}{|\sqrt{x}+\sqrt{2}|}$; entonces haciendo $\delta = 1$ es

$$0 < |x-2| < \delta \;\Rightarrow\; |x-2| < 1 \;\Rightarrow\; -1 < x-2 < 1 \;\Rightarrow\; 1 < x < 3 \;\Rightarrow\; 1 < \sqrt{x} < \sqrt{3} \;\Rightarrow$$

$$\Rightarrow \; 1+\sqrt{2} < \sqrt{x}+\sqrt{2} < \sqrt{3}+\sqrt{2} \;\Rightarrow\; \frac{1}{\sqrt{3}+\sqrt{2}} < \frac{1}{\sqrt{x}+\sqrt{2}} < \frac{1}{1+\sqrt{2}} \;\Rightarrow$$

$$\Rightarrow \; \left|\frac{1}{\sqrt{x}+\sqrt{2}}\right| < \frac{1}{1+\sqrt{2}} < \frac{1}{\sqrt{2}}$$

DEFINICIÓN DE LÍMITE

Luego siendo $0 < |x-2| < \delta$ y $\left|\dfrac{1}{\sqrt{x}+\sqrt{2}}\right| < \dfrac{1}{\sqrt{2}}$ resulta

$$|x-2|\dfrac{1}{|\sqrt{x}+\sqrt{2}|} < \dfrac{\delta}{\sqrt{2}}$$

En consecuencia puede hacerse $\dfrac{\delta}{\sqrt{2}} = \varepsilon \Rightarrow \delta = \sqrt{2}\,\varepsilon$. Tomando el menor δ, se tiene $\delta = \min\left(1, \sqrt{2}\,\varepsilon\right)$

EJEMPLO 7)

Hallar $\delta(\varepsilon)$ tal que a) $\lim\limits_{x \to 0^+} e^x = 1$; b) $\lim\limits_{x \to 0^-} e^x = 1$

a) Como x tiende a 0 por derecha resulta que para cualquier ε, existe un δ tal que $|e^x - 1| < \varepsilon$ con tal que $0 < x - 0 < \delta$

Partiendo de $|e^x - 1| < \varepsilon$ resulta

$$e^x - 1 < \varepsilon \Rightarrow e^x < \varepsilon + 1 \Rightarrow x < \ln(\varepsilon + 1)$$

Siendo $0 < x - 0 < \delta \Rightarrow x < \delta$, luego debe tomarse $\delta = \ln(\varepsilon + 1)$

b) Como x tiende a 0 por izquierda se tiene que para cualquier ε, existe un δ tal que $|e^x - 1| < \varepsilon$ siempre que $0 < 0 - x < \delta$

Partiendo de $|e^x - 1| < \varepsilon$

$$-\varepsilon < e^x - 1 \Rightarrow e^x > 1 - \varepsilon \Rightarrow x > \ln(1 - \varepsilon)$$

Siendo $0 < 0 - x < \delta \Rightarrow x > -\delta$; luego se requiere $\delta = -\ln(1 - \varepsilon)$

EJEMPLO 8)

Determinar $\delta(\varepsilon)$ si $\lim\limits_{x-0} e^{-1/x^2} = 0$

Por definición resulta

$$\left|e^{-1/x^2}\right| < \varepsilon \quad \text{si} \quad 0 < |x| < \delta$$

Determinamos $\delta(\varepsilon)$

$\left|e^{-1/x^2}\right| = e^{-1/x^2}$ pues e^{-1/x^2} es siempre positivo para todo $x \neq 0$

LÍMITE Y CONTINUIDAD

Luego

$$e^{-1/x^2} < \varepsilon \implies -\frac{1}{x^2} < \ln \varepsilon \implies \frac{1}{x^2} > -\ln \varepsilon \implies x^2 < -\frac{1}{\ln \varepsilon} \implies |x| < \sqrt{-\frac{1}{\ln \varepsilon}}$$

Entonces se requiere que $\delta = \sqrt{-\dfrac{1}{\ln \varepsilon}}$ para que se cumpla la definición.

¿Qué valores puede tomar ε en la igualdad anterior?

EJEMPLO 9)

Hallar $\delta(\varepsilon)$ si $\lim\limits_{x \to 0} xsen\left(\dfrac{\pi}{x}\right) = 0$

Según la definición es $|xsen(\pi/x)| < \varepsilon$ siempre que $0 < |x| < \delta$

Determinamos $\delta(\varepsilon)$

$|xsen(\pi/x)| = |x||sen(\pi/x)| \leq |x| \, 1 < \varepsilon$ pues $|sen(\pi/x)| \leq 1$ para $x \neq 0$;
luego basta tomar $\delta = \varepsilon$

EJEMPLO 10)

Hallar $\delta(\varepsilon)$ si $\lim\limits_{x \to a} senx = sena$

Según la definición es $|senx - sena| < \varepsilon$ siempre que $0 < |x - a| < \delta$

Determinamos $\delta(\varepsilon)$

Aplicando la identidad trigonométrica, se tiene

$$senx - sena = 2\cos\frac{1}{2}(x+a)sen\frac{1}{2}(x-a)$$

Además teniendo en cuenta que $sen\, t < t$ y $\cos t \leq 1$ resulta

$$|senx - sena| < 2 \cdot 1 \cdot \frac{1}{2}|x - a| < \varepsilon$$

Luego puede tomarse $\delta = \varepsilon$ para que se cumpla la definición.

EJEMPLO 11)

Hallar un δ para el cual $\lim\limits_{x \to 2} f(x) = 3$ siendo $f(x) = \begin{cases} x+1 & si \quad x < 2 \\ 2 & si \quad x = 2 \\ 4x-5 & si \quad x > 2 \end{cases}$

Determinamos $\delta(\varepsilon)$

Si $x \to 2^-$ es $|(x+1) - 3| < \varepsilon$ siempre que $0 < 2 - x < \delta$; entonces

DEFINICIÓN DE LÍMITE

$$|(x+1)-3| = |x-2| < \varepsilon \Rightarrow -\varepsilon < x-2 \Rightarrow 2-x < \varepsilon$$

Luego $\delta_1 = \varepsilon$

Si $x \to 2^+$ es $|(4x-5)-3| < \varepsilon$ siempre que $0 < x-2 < \delta$; entonces:

$$|(4x-5)-3| = |4x-8| = |4(x-2)| = 4|x-2| < \varepsilon \Rightarrow |x-2| < \frac{\varepsilon}{4} \Rightarrow x-2 < \frac{\varepsilon}{4}$$

Luego $\delta_2 = \dfrac{\varepsilon}{4}$

Tomando el menor valor entre δ_1 y δ_2 se tiene $\delta = \dfrac{\varepsilon}{4}$

EJEMPLO 12)

Demostrar que la función $f(x) = \begin{cases} 6-x & si \quad x > 3 \\ 1 & si \quad x \le 3 \end{cases}$ carece de límite cuando $x \to 3$

Supongamos que $\lim\limits_{x \to 3} f(x) = L$ entonces para un ε cualquiera por ejemplo $\varepsilon = \dfrac{1}{10}$ se tiene $|f(x)-L| < \dfrac{1}{10}$ siempre que $0 < |x-3| < \delta$

Tomando $\dfrac{\delta}{10}$ a la derecha de 3 es $x = 3 + \dfrac{\delta}{10}$ y si $\delta = 1 \Rightarrow x = \dfrac{31}{10}$; luego

$$|f(x)-L| = |f(31/10)-L| = \left|6 - \frac{31}{10} - L\right| < \frac{1}{10} \Rightarrow \left|\frac{29}{10} - L\right| < \frac{1}{10} \quad (1)$$

Tomando $\dfrac{\delta}{10}$ a la izquierda de 3 y considerando $\delta = 1$ es $x = 3 - \dfrac{\delta}{10} = \dfrac{29}{10}$; luego

$$|f(x)-L| = |f(29/10)-L| = |1-L| < \frac{1}{10} \quad (2)$$

De (1) es $\quad \dfrac{14}{5} < L < 3 \quad (3)$

De (2) es $\quad \dfrac{9}{10} < L < \dfrac{11}{10} \quad (4)$

Como no hay ningún valor de L que satisfaga (3) y (4) resulta que la función no tiene límite cuando $x \to 3$

LÍMITE Y CONTINUIDAD

EJEMPLO 13)

Sean las funciones $f(x) = 4^x - 1$ donde $\lim\limits_{x \to 0^+} f(x) = 0$ y $g(x) = \sqrt[4]{x}$ donde $\lim\limits_{x \to 0^+} g(x) = 0$, hallar un $\delta(\varepsilon)$ tal que $\lim\limits_{x \to 0^+} (f(x) + g(x)) = 0$

Por definición de límite resulta que

$$0 < x < \delta \quad \Rightarrow \quad \left| \underbrace{4^x - 1}_{f(x)} + \underbrace{\sqrt[4]{x}}_{g(x)} - \underbrace{0}_{l} \right| < \varepsilon \quad (1)$$

Para hallar $\delta(\varepsilon)$ partimos de

$$4^x - 1 + \sqrt[4]{x} < \varepsilon = \frac{\varepsilon}{2} + \frac{\varepsilon}{2}$$

Ahora, como $\lim\limits_{x \to 0^+} (4^x - 1) = 0$ y $\lim\limits_{x \to 0^+} \sqrt[4]{x} = 0$, existen dos números positivos δ_1 y δ_2 tales que

$$0 < x < \delta_1 \quad \Rightarrow \quad 4^x - 1 < \frac{\varepsilon}{2} \quad (2)$$

$$0 < x < \delta_2 \quad \Rightarrow \quad \sqrt[4]{x} < \frac{\varepsilon}{2} \quad (3)$$

Para obtener δ_1 resulta

$$4^x - 1 < \frac{\varepsilon}{2} \quad \Rightarrow \quad 4^x < \frac{\varepsilon}{2} + 1 \quad \Rightarrow \quad x \ln 4 < \ln\left(\frac{\varepsilon}{2} + 1\right) \quad \Rightarrow \quad x < \frac{\ln\left(\frac{\varepsilon}{2} + 1\right)}{\ln 4}$$

Luego puede tomarse $\delta_1 = \dfrac{\ln\left(\frac{\varepsilon}{2} + 1\right)}{\ln 4}$ para que se cumpla (2)

Para obtener δ_2 resulta

$$\sqrt[4]{x} < \frac{\varepsilon}{2} \quad \Rightarrow \quad x < \frac{\varepsilon^4}{16}$$

Se requiere entonces $\delta_2 = \dfrac{\varepsilon^4}{16}$ para que se cumpla (3)

Ahora tomamos el menor valor entre δ_1 y δ_2; esto es $\delta = mín(\delta_1, \delta_2)$ para que se verifique (2) y (3) y por lo tanto cumpla con la definición (1) dada.

DEFINICIÓN DE LÍMITE

EJERCICIOS 5.1

Hallar $\delta(\varepsilon)$ y demostrar los siguientes límites.

1) $\lim\limits_{x \to 5} (2x - 4) = 6$

2) $\lim\limits_{x \to 1/3} \left(\dfrac{x}{2} + \dfrac{1}{3} \right) = \dfrac{1}{2}$

3) $\lim\limits_{x \to 4} 10 = 10$

4) $\lim\limits_{x \to -5} (-3) = -3$

5) $\lim\limits_{x \to -1} (4x + 4) = 0$

6) $\lim\limits_{x \to 3} \left(2 - \dfrac{4}{3} x \right) = -2$

7) $\lim\limits_{x \to -2} (-x + 1) = 3$

8) $\lim\limits_{x \to -0} 5x = 0$

9) $\lim\limits_{x \to 4} \dfrac{x^2 - 16}{x - 4} = 8$

10) $\lim\limits_{x \to -2} \dfrac{x^2 - 4}{x + 2} = -4$

11) $\lim\limits_{x \to -11} \dfrac{x^2 - 121}{x + 11} = -22$

12) $\lim\limits_{x \to 2} \dfrac{x^2 + x - 6}{x - 2} = 5$

13) $\lim\limits_{x \to 6} x^2 = 36$

14) $\lim\limits_{x \to 1} (x^2 + 3x) = 4$

15) $\lim\limits_{x \to 4} (16 - x^2) = 0$

16) $\lim\limits_{x \to 2} (x^2 - 9) = -5$

17) $\lim\limits_{x \to 3} (x^3 - 27) = 0$

18) $\lim\limits_{x \to 1} (x^3 - x) = 0$

19) $\lim\limits_{x \to -3} \dfrac{x^3 - 9x}{2x + 6} = 9$

20) $\lim\limits_{x \to -2} \dfrac{x^3 + 2x^2 - 4x - 8}{x + 2} = 0$

21) $\lim\limits_{x \to -1} (8 - 2x - x^2) = 9$

22) $\lim\limits_{x \to 0} x^4 = 0$

23) $\lim\limits_{x \to 4} \dfrac{1}{x} = \dfrac{1}{4}$

24) $\lim\limits_{x \to 2} \dfrac{x}{x - 1} = 2$

25) $\lim\limits_{x \to 2} \dfrac{x^2 - 3x + 2}{x + 3} = 0$

26) $\lim\limits_{x \to 1} \dfrac{x^2 - x - 2}{x} = -2$

27) $\lim\limits_{x \to 1} \dfrac{2}{x^2 + 1} = 1$

28) $\lim\limits_{x \to 2} \dfrac{7}{x^2 + x + 1} = 1$

29) $\lim\limits_{x \to 1^+} \sqrt{x - 1} = 0$

30) $\lim\limits_{x \to 5^-} \sqrt{5 - x} = 0$

31) $\lim\limits_{x\to 6}\sqrt{x+3}=3$ **32)** $\lim\limits_{x\to 3}\sqrt{x}=\sqrt{3}$

33) $\lim\limits_{x\to 1^-}\ln x=0$ **34)** $\lim\limits_{x\to 1^+}\ln x=0$

35) $\lim\limits_{x\to 0^+} e^{3x}-1=0$ **36)** $\lim\limits_{x\to 0^-} 2^{6x}=1$

37) $\lim\limits_{x\to 1} 10^{-4/(x-1)^2}=0$ **38)** $\lim\limits_{x\to 0} e^{-1/x^4}=0$

39) $\lim\limits_{x\to \pi/2} sen\,x=1$ **40)** $\lim\limits_{x\to 0} sen\,x=0$

41) $\lim\limits_{x\to 0} 2\cos x=2$ **42)** $\lim\limits_{x\to 0} 2\,sen\,x\cos x=0$

43) a) $\lim\limits_{x\to 5^+} f(x)=2$ b) $\lim\limits_{x\to 5^-} f(x)=2$ si $f(x)=\begin{cases} 2x-8; & x>5 \\ x+1; & x=5 \\ 7-x; & x<5 \end{cases}$

44) a) $\lim\limits_{x\to 2^+} f(x)=-1$ b) $\lim\limits_{x\to 2^-} f(x)=3$ si $f(x)=\begin{cases} 1-x; & x>2 \\ 3; & x\le 2 \end{cases}$

Demostrar que los siguientes límites no existen.

45) $\lim\limits_{x\to 3} f(x)$ si $f(x)=\begin{cases} 8; & x\ge 3 \\ 2; & x<3 \end{cases}$

46) $\lim\limits_{x\to -1} f(x)$ si $f(x)=\begin{cases} x+1; & x<-1 \\ x^2; & x=-1 \\ 4x; & x>-1 \end{cases}$

Ejercicios diversos

47) Determinar los valores de x próximos a 5 tales que si $f(x)=x^2-169$ resulte $-144-\dfrac{1}{100}<f(x)<-144+\dfrac{1}{100}$

48) Determinar un δ tal que $\left|\dfrac{8-4x}{x}+\sqrt{x}\right|<\dfrac{1}{600}$ siempre que $0<|x-4|<\delta$

DEFINICIÓN DE LÍMITE

49) Hallar un δ tal que $10^x + \sqrt{x} - 1 < \dfrac{1}{10}$ con tal que $0 < x < \delta$

50) Hallar un δ que dependa de ε para que se cumpla $\left|\operatorname{sen}^{-1} x\right| < \varepsilon$ si $0 < |x| < \delta$

51) Hallar un δ que dependa de ε tal que si $0 < x < \delta$ entonces $\operatorname{senh}^{-1} x < \varepsilon$

52) Hallar un δ que dependa de ε tal que si $0 < x < \delta$ entonces $tgx < \varepsilon$

Proponer una fórmula para $f(x)$ en los siguientes casos.

53) $0 < |x-2| < \dfrac{\varepsilon}{5} \implies |f(x)-4| < \varepsilon$ **54)** $0 < x-1 < \varepsilon^2 \implies f(x)+1 < \varepsilon$

55) $0 < |x-10| < e^{1+\varepsilon} - 10 \implies |f(x)-1| < \varepsilon$

56) $0 < |x| < \log_2(\varepsilon+8) - 3 \implies |f(x)-8| < \varepsilon$

57) Demostrar, mediante la definición $\varepsilon - \delta$, las propiedades de la suma, producto y cociente de límites.

5.2 Caso 2)

$$a)\lim_{x \to a} f(x) = +\infty \qquad\qquad b)\lim_{x \to a} f(x) = -\infty$$

La función $f(x)$ tiende a $+\infty$ o crece sin límite, cuando los valores de la misma superan un número prefijado $k > 0$ suficientemente grande y arbitrario, para $x \to a$

Del mismo modo la función $f(x)$ tiende a $-\infty$ si los valores de la misma son inferiores a $-k$ cuando $x \to a$

DEFINICIÓN

$\forall k > 0$ existe un $\delta > 0$ que depende de k tal que

    a) $f(x) > k$ siempre que $0 < |x - a| < \delta$

    b) $f(x) < -k$ siempre que $0 < |x - a| < \delta$

Las siguientes figuras ilustran las definiciones.

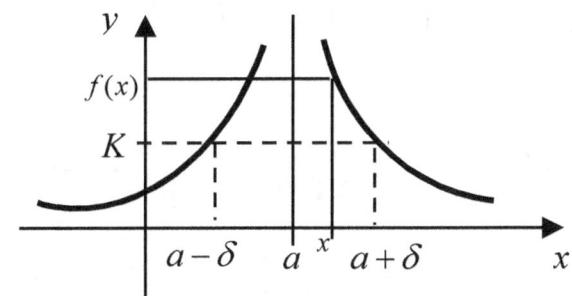

$x \in (a-\delta, a+\delta) \Rightarrow f(x) > k$ (Definición *a*)

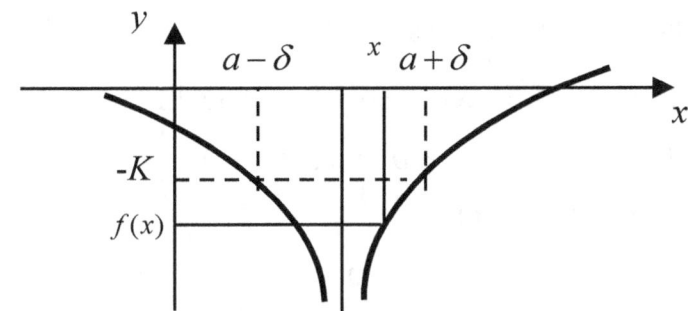

$x \in (a-\delta, a+\delta) \Rightarrow f(x) < -k$ (Definición *b*)

EJEMPLO 14)

a) Demostrar $\lim\limits_{x \to 0} \dfrac{1}{x^2} = +\infty$

b) Obtener δ para $k = 10000$

a) Según la definición *a)* resulta $\forall k > 0, \exists \delta(k)$ tal que $\dfrac{1}{x^2} > k$ siempre que $0 < |x - 0| < \delta$

Determinamos $\delta(k)$

$$\dfrac{1}{x^2} > k \Rightarrow x^2 < \dfrac{1}{k} \Rightarrow \sqrt{x^2} < \sqrt{\dfrac{1}{k}} \Rightarrow |x| < \sqrt{\dfrac{1}{k}}$$

Siendo $0 < |x - 0| < \delta \Rightarrow |x| < \delta$, luego debe requerirse $\delta = \sqrt{\dfrac{1}{k}}$ para que se cumpla la definición.

Procedemos ahora, a la demostración.

DEFINICIÓN DE LÍMITE

$$0 < |x| < \delta \implies |x| < \sqrt{\frac{1}{k}} \implies |x^2| < \frac{1}{k} \implies \frac{1}{|x^2|} > k \implies \frac{1}{x^2} > k$$

b) Si $k = 10000 \implies \delta = \sqrt{\frac{1}{10000}} = \frac{1}{100}$ luego se cumple

$$\frac{1}{x^2} > \frac{1}{10000} \text{ siempre que } 0 < |x| < \frac{1}{100}$$

EJEMPLO 15)

Hallar $\delta(k)$ si $\lim\limits_{x \to 0^+} \ln x = -\infty$

Por definición $\forall k > 0$, $\exists \delta(k)$ tal que $\ln x < -k$ siempre que

$0 < |x - 0| < \delta \implies 0 < x < \delta$ pues $x \to 0^+$

Determinamos $\delta(k)$

$$\ln x < -k \implies x < e^{-k}$$

y siendo $0 < x < \delta \implies x < \delta$; luego debe tomarse $\delta = e^{-k}$

EJEMPLO 16)

Hallar $\delta(k)$ si $\lim\limits_{x \to 1^-} \frac{1}{\sqrt{1-x}} = +\infty$

Según la definición es $\frac{1}{\sqrt{1-x}} > k$ con tal que $0 < 1 - x < \delta$ pues $x \to 1^-$

Determinamos $\delta(k)$

Partiendo de $\frac{1}{\sqrt{1-x}} > k$ resulta $\sqrt{1-x} < \frac{1}{k} \implies 1 - x < \frac{1}{k^2}$

Siendo $0 < 1 - x < \delta \implies 1 - x < \delta$; entonces debe tomarse $\delta = \frac{1}{k^2}$

LÍMITE Y CONTINUIDAD

EJERCICIOS 5.2

Hallar $\delta(k)$ y demostrar los siguientes límites.

1) $\lim\limits_{x \to 3^+} \dfrac{3}{x-3} = +\infty$

2) $\lim\limits_{x \to 2^+} \dfrac{1}{8-4x} = -\infty$

3) $\lim\limits_{x \to -1/2^-} \dfrac{1}{10x+5} = -\infty$

4) $\lim\limits_{x \to -1^+} \dfrac{-4}{2x+2} = -\infty$

5) $\lim\limits_{x \to 9^+} \dfrac{x+9}{x^2-81} = +\infty$

6) $\lim\limits_{x \to 1^+} \dfrac{x^2+x+1}{x^3-1} = +\infty$

7) $\lim\limits_{x \to 0^+} \dfrac{1}{\sqrt{x}} = +\infty$

8) $\lim\limits_{x \to 2^+} \dfrac{\sqrt{x}+\sqrt{2}}{2-x} = -\infty$

9) $\lim\limits_{x \to 6^+} \dfrac{x}{x-6} = +\infty$

10) $\lim\limits_{x \to 4^-} \dfrac{x+4}{x-4} = -\infty$

11) $\lim\limits_{x \to 2/3^+} \dfrac{1}{x^2-(4/9)} = +\infty$

12) $\lim\limits_{x \to 1^+} \dfrac{1}{x^5-1} = +\infty$

13) $\lim\limits_{x \to 1^+} 2^{1/(x-1)} = +\infty$

14) $\lim\limits_{x \to 1^-} \left(\dfrac{1}{2}\right)^{1/(x-1)} = +\infty$

15) $\lim\limits_{x \to 0^-} \dfrac{1}{x^3} = -\infty$

16) $\lim\limits_{x \to -3^+} \dfrac{x^2+3x-10}{x^3+x^2-6x} = -\infty$

17) $\lim\limits_{x \to 0^+} \dfrac{1}{e^x-1} = +\infty$

18) $\lim\limits_{x \to 1^-} \dfrac{1}{\ln x} = -\infty$

19) $\lim\limits_{x \to 0} \ln x^2 = -\infty$

20) $\lim\limits_{x \to 0^+} \dfrac{1}{\operatorname{sen} x} = +\infty$

21) a) $\lim\limits_{x \to 1/2^+} f(x) = +\infty$ b) $\lim\limits_{x \to 1/2^-} f(x) = +\infty$ si

$$f(x) = \begin{cases} \dfrac{10}{x-(1/2)}; & x > 1/2 \\ \dfrac{1}{(1/4)-x^2}; & x < 1/2 \end{cases}$$

134

DEFINICIÓN DE LÍMITE

22) $a)\ \lim\limits_{x\to 0^+} f(x) = +\infty \quad b)\ \lim\limits_{x\to 0^-} f(x) = +\infty \quad$ si $\quad f(x) = \begin{cases} \dfrac{1}{x^3}; & x > 0 \\ \dfrac{1}{x^2 - x}; & x < 0 \end{cases}$

Ejercicios diversos

23) Determinar los valores de x próximos a 3 tales que $\left|\dfrac{1}{x-3}\right| > 10000$

24) Determinar los valores de x próximos a -5 tales que $\left|\dfrac{1}{x+5}\right| > 300$

25) Hallar un $\delta(k)$ tal que $\lim\limits_{x\to 1^-} \tanh^{-1} x = +\infty$

26) Hallar un $\delta(k)$ tal que $\lim\limits_{x\to 1^+} \coth^{-1} x = +\infty$

Proponer una fórmula para $f(x)$ en los siguientes casos.

27) $0 < x < \dfrac{1}{k^4} \implies f(x) > k$

28) $0 < 1 - x < \dfrac{1}{k} \implies f(x) < -k$

5.3 Caso 3)
$\qquad a)\ \lim\limits_{x\to +\infty} f(x) = L \qquad b)\ \lim\limits_{x\to -\infty} f(x) = L$

La función tiene límite L si los valores de la misma pueden aproximarse tanto como se quiera a L para cualquier x que supere a un número $N > 0$ o bien sea inferior a $-N$.

DEFINICIÓN
$\qquad \forall \varepsilon > 0,\ \exists N(\varepsilon)\ $ tal que
$\qquad\qquad a)\ |f(x) - L| < \varepsilon\ $ siempre que $x > N$
$\qquad\qquad b)\ |f(x) - L| < \varepsilon\ $ siempre que $x < -N$

Las figuras correspondientes ilustran las definiciones dadas

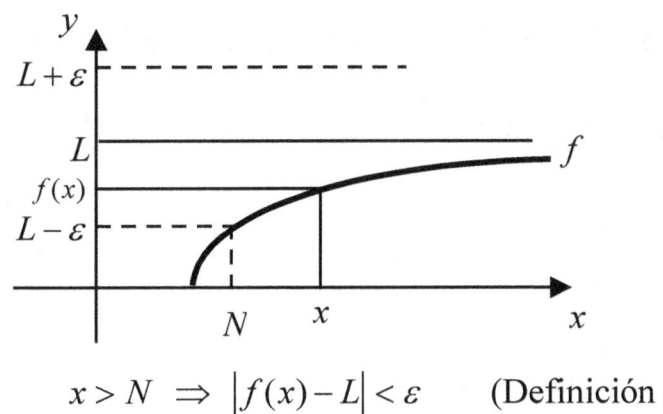

$$x > N \implies |f(x) - L| < \varepsilon \quad \text{(Definición } a\text{)}$$

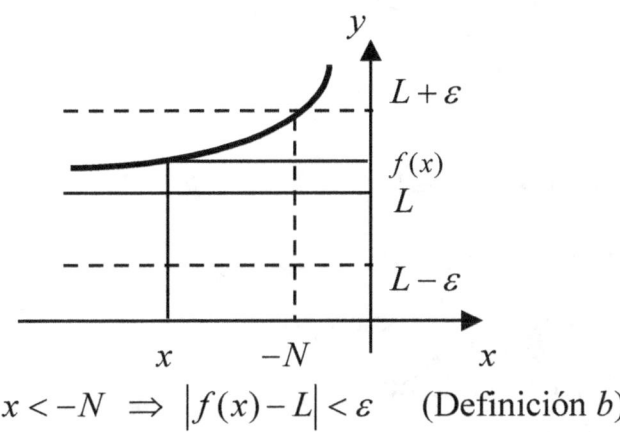

$$x < -N \implies |f(x) - L| < \varepsilon \quad \text{(Definición } b\text{)}$$

EJEMPLO 17)

a) Demostrar $\lim\limits_{x \to +\infty} \left(2 + \dfrac{1}{x}\right) = 2$

b) Hallar un N si $\varepsilon = \dfrac{1}{50}$

a) Según la definición a) es $\forall \varepsilon > 0, \exists N(\varepsilon)$ tal que

$$\left|2 + \frac{1}{x} - 2\right| < \varepsilon \quad \text{siempre que} \quad x > N$$

Determinamos $N(\varepsilon)$ partiendo de $\left|2 + \dfrac{1}{x} - 2\right| < \varepsilon$ entonces

$$\left|2 + \frac{1}{x} - 2\right| = \left|\frac{1}{x}\right| = \frac{1}{x} \quad \text{si } x > 0 \text{ ; luego}$$

$$\frac{1}{x} < \varepsilon \implies x > \frac{1}{\varepsilon}$$

DEFINICIÓN DE LÍMITE

Siendo $x > N$, es necesario que $N = \dfrac{1}{\varepsilon}$ para que se cumpla la definición.

¿Puede tomarse un $N_1 > N = \dfrac{1}{\varepsilon}$?

Demostración $x > N \Rightarrow x > \dfrac{1}{\varepsilon} \Rightarrow \dfrac{1}{x} < \varepsilon \Rightarrow \left|\dfrac{1}{x}\right| < \varepsilon \Rightarrow \left|2 + \dfrac{1}{x} - 2\right| < \varepsilon$

b) Si $\varepsilon = \dfrac{1}{50} \Rightarrow N = 50$ (pues $N = \dfrac{1}{\varepsilon}$)

Luego resulta $\left|2 + \dfrac{1}{x} - 2\right| < \dfrac{1}{50}$ siempre que $x > 50$

EJEMPLO 18)

Hallar $N(\varepsilon)$ tal que $\lim\limits_{x \to -\infty} 10^x = 0$

Según la definición b) se tiene $\forall \varepsilon > 0, \exists N(\varepsilon)$ tal que

$$\left|10^x - 0\right| < \varepsilon \text{ siempre que } x < -N$$

Determinamos $N(\varepsilon)$ partiendo de

$$\left|10^x\right| < \varepsilon \Rightarrow 10^x < \varepsilon \text{ (pues } 10^x > 0\text{)}$$

Luego $x < \log \varepsilon$

Siendo $x < -N$, debe tomarse $-N = \log \varepsilon \Rightarrow N = -\log \varepsilon$

¿Qué valores puede asignarse a ε para que resulte $N > 0$?

EJEMPLO 19)

Determinar $N(\varepsilon)$ si $\lim\limits_{x \to -\infty} \dfrac{x+1}{x-1} = 1$

Nuevamente según la definición b) resulta

$$\forall \varepsilon > 0, \exists N(\varepsilon) \text{ tal que si } x < -N \Rightarrow \left|\dfrac{x+1}{x-1} - 1\right| < \varepsilon$$

Partiendo de $\left|\dfrac{x+1}{x-1} - 1\right| < \varepsilon$ resulta

$$\left|\dfrac{x+1}{x-1} - 1\right| = \left|\dfrac{x+1-(x-1)}{x-1}\right| = \left|\dfrac{2}{x-1}\right| < \varepsilon$$

Teniendo en cuenta que $x \to -\infty$, se obtiene

LÍMITE Y CONTINUIDAD

$$\frac{2}{x-1} > -\varepsilon \quad \text{si} \quad x < 1$$

Luego

$$-\frac{2}{\varepsilon} > x-1 \quad \Rightarrow \quad 1-\frac{2}{\varepsilon} > x$$

Considerando $x < -N$, puede elegirse $N = \frac{2}{\varepsilon} - 1$ para que se cumpla la definición.

EJEMPLO 20)

Hallar $N(\varepsilon)$ si $\lim\limits_{x \to +\infty}\left(\dfrac{2x}{x+1}+1\right) = 3$

Según la definición a) se tiene $\left|\dfrac{2x}{x+1}+1-3\right| < \varepsilon$ siempre que $x > N$

Determinamos $N(\varepsilon)$

$$\left|\frac{2x}{x+1}+1-3\right| = \left|\frac{2x}{x+1}-2\right| = \left|\frac{2x-2(x+1)}{x+1}\right| = \left|\frac{-2}{x+1}\right| = \frac{2}{|x+1|} = \frac{2}{x+1} \quad \text{si} \quad x > -1$$

Entonces, para determinar $N(\varepsilon)$ partimos de $\dfrac{2}{x+1} < \varepsilon$

Si consideramos ahora $x > 0$ resulta

$$\frac{2}{x+1} < \frac{2}{x} < \varepsilon \quad \Rightarrow \quad \frac{x}{2} > \frac{1}{\varepsilon} \quad \Rightarrow \quad x > \frac{2}{\varepsilon}$$

Siendo $x > N$, se requiere que $N = \dfrac{2}{\varepsilon}$

EJEMPLO 21)

Hallar $N(\varepsilon)$ tal que $\lim\limits_{x \to +\infty}\left(\ln(x^2+2x-3) - \ln(x^2-3x+2)\right) = 0$

Por definición se tiene

$$x > N \quad \Rightarrow \quad \left|\ln(x^2+2x-3) - \ln(x^2-3x+2)\right| < \varepsilon$$

Determinamos $N(\varepsilon)$ partiendo de

$$\left|\ln(x^2+2x-3) - \ln(x^2-3x+2)\right| < \varepsilon \quad \Leftrightarrow$$

$$\Leftrightarrow \quad \left|\ln\left(\frac{x^2+2x-3}{x^2-3x+2}\right)\right| < \varepsilon \quad \Leftrightarrow \quad \left|\ln\frac{(x-1)(x+3)}{(x-1)(x-2)}\right| < \varepsilon \quad \Leftrightarrow$$

DEFINICIÓN DE LÍMITE

$\Leftrightarrow \quad \left|\ln\dfrac{x+3}{x-2}\right| = \ln\dfrac{x+3}{x-2} < \varepsilon$ siempre que $\dfrac{x+3}{x-2} > 1$; esto es para $x > 2$

Pero $\dfrac{x+3}{x-2} = 1 + \dfrac{5}{x-2}$, entonces

$$\ln\dfrac{x+3}{x-2} = \ln\left(1 + \dfrac{5}{x-2}\right) < \varepsilon \quad \Rightarrow \quad 1 + \dfrac{5}{x-2} < e^{\varepsilon}$$

Luego

$$\dfrac{5}{x-2} < e^{\varepsilon} - 1 \quad \Rightarrow \quad \dfrac{5}{e^{\varepsilon}-1} < x - 2 \quad \Rightarrow \quad x > \dfrac{5}{e^{\varepsilon}-1} + 2$$

En consecuencia puede tomarse

$$N = \dfrac{5}{e^{\varepsilon}-1} + 2$$

EJEMPLO 22)

Hallar $N(\varepsilon)$ si $\lim\limits_{x\to+\infty}\dfrac{1}{x^2-4x} = 0$

Según la definición, resulta

$$x > N \quad \Rightarrow \quad \left|\dfrac{1}{x^2-4x}\right| < \varepsilon$$

Para determinar $N(\varepsilon)$ partimos de $\left|\dfrac{1}{x^2-4x}\right| < \varepsilon$

$\left|\dfrac{1}{x^2-4x}\right| = \dfrac{1}{x^2-4x}$ si $x > 4$; entonces

$$\dfrac{1}{x^2-4x} < \varepsilon$$

Ahora $x^2 - 4x > 5x - 4x$ si se cumple $x > 5$; por lo tanto

$$\dfrac{1}{x^2-4x} < \dfrac{1}{5x-4x} = \dfrac{1}{x} < \varepsilon$$

Luego $x > \dfrac{1}{\varepsilon}$ y podría elegirse $N_1 = \dfrac{1}{\varepsilon}$. Pero como se tomó también las condiciones $x > 4$ y $x > 5$, se requiere el mayor N para que se cumpla la definición; esto es $N = \max\left(5, \dfrac{1}{\varepsilon}\right)$

LÍMITE Y CONTINUIDAD

EJERCICIOS 5.3

Hallar $N(\varepsilon)$ y demostrar los siguientes límites.

1) $\lim\limits_{x \to +\infty} \dfrac{1-x}{x} = -1$

2) $\lim\limits_{x \to +\infty} \left(3 + \dfrac{4}{x}\right) = 3$

3) $\lim\limits_{x \to -\infty} \dfrac{1}{\sqrt[3]{x}} - 2 = -2$

4) $\lim\limits_{x \to -\infty} \dfrac{4}{\sqrt{1-x}} = 0$

5) $\lim\limits_{x \to +\infty} \dfrac{4x+3}{2x-1} = 2$

6) $\lim\limits_{x \to +\infty} \dfrac{5x}{x-4} = 5$

7) $\lim\limits_{x \to -\infty} \left(1 + 2^x\right) = 1$

8) $\lim\limits_{x \to +\infty} e^{1/x} = 1$

9) $\lim\limits_{x \to +\infty} \left(\dfrac{1}{2}\right)^{\sqrt{x}} = 0$

10) $\lim\limits_{x \to -\infty} \left(\dfrac{5}{3}\right)^x = 0$

11) $\lim\limits_{x \to -\infty} e^{(1-x^2)/x^2} = 1/e$

12) $\lim\limits_{x \to +\infty} 3^{(1+2x)/x} = 9$

13) $\lim\limits_{x \to +\infty} \dfrac{1}{\ln x} = 0$

14) $\lim\limits_{x \to +\infty} \dfrac{1}{\ln^2 x} = 0$

15) $\lim\limits_{x \to +\infty} \left(\sqrt{x+1} - \sqrt{x}\right) = 0$

16) $\lim\limits_{x \to +\infty} \left(\sqrt{x^2+1} - \sqrt{x^2-1}\right) = 0$

17) $\lim\limits_{x \to +\infty} \dfrac{\sqrt[3]{x}+1}{\sqrt[3]{x}-1} = 1$

18) $\lim\limits_{x \to +\infty} \dfrac{\sqrt[5]{x}+\sqrt{x}}{\sqrt{x}} = 1$

19) $\lim\limits_{x \to +\infty} \dfrac{x+1}{x^2-1} = 0$

20) $\lim\limits_{x \to +\infty} \dfrac{16x^2+4x+1}{64x^3-1} = 0$

21) $\lim\limits_{x \to -\infty} \left(\ln(x^2+x) - \ln x^2\right)$

22) $\lim\limits_{x \to -\infty} \ln\left(\dfrac{x-2}{x-1}\right) = 0$

23) $\lim\limits_{x \to +\infty} \dfrac{\operatorname{sen} x}{x} = 0$

24) $\lim\limits_{x \to +\infty} \dfrac{1}{x^2} \cos(\pi x) = 0$

25) $\lim\limits_{x \to +\infty} \dfrac{1}{x^2 - 100x} = 0$

26) $\lim\limits_{x \to +\infty} \dfrac{10}{x^3 - 4x} = 0$

DEFINICIÓN DE LÍMITE

27) $\lim\limits_{x \to +\infty} \dfrac{x^2+8x}{x^2+4} = 1$

28) $\lim\limits_{x \to +\infty} \dfrac{2x^3-1}{4x^3+x} = \dfrac{1}{2}$

29) $\lim\limits_{x \to -\infty} \dfrac{x^2+3}{x^3} = 0$

30) $\lim\limits_{x \to +\infty} \dfrac{x^3+x^2+10}{x^4+x} = 0$

31) $\lim\limits_{x \to +\infty} \dfrac{x^2-3x}{x^2-5x-40} = 1$

32) $\lim\limits_{x \to +\infty} \dfrac{1}{x^2-3x+2} = 0$

33) a) $\lim\limits_{x \to +\infty} f(x) = 0$ b) $\lim\limits_{x \to -\infty} f(x) = 0$ si $f(x) = \begin{cases} (1/5)^x \,;\ x \geq 0 \\ e^x \,;\ x < 0 \end{cases}$

34) a) $\lim\limits_{x \to +\infty} f(x) = 1$ b) $\lim\limits_{x \to -\infty} f(x) = 1$ donde $f(x) = \begin{cases} \dfrac{x}{x+8}\,;\ x \geq 0 \\ \dfrac{x^2+1}{x^2}\,;\ x < 0 \end{cases}$

Ejercicios diversos

35) $\lim\limits_{x \to +\infty} \left(\sqrt[x]{e} + \sqrt[x]{e^2} \right) = 2$

36) $\lim\limits_{x \to +\infty} \tanh x = 1$

37) Determinar un valor de N tal que si $x > N$ entonces $\dfrac{5x}{2x-1} \in (2,3)$ sabiendo que el límite de $\dfrac{5x}{2x-1}$ es $\dfrac{5}{2}$

38) Hallar un valor de N sabiendo que $x > N \;\Rightarrow\; \left|\dfrac{4x-1}{x^2+1}\right| < \dfrac{1}{100}$

Proponer una fórmula para $f(x)$ en los siguientes casos.

39) $x > e^m \;\Rightarrow\; f(x) < \varepsilon$ donde $m = \dfrac{1}{3\varepsilon}$

40) $x < -\dfrac{1}{\varepsilon} \;\Rightarrow\; |f(x)-1| < \varepsilon$

5.4 Caso 4)

$a)\ \lim\limits_{x \to +\infty} f(x) = +\infty$ $\qquad b)\ \lim\limits_{x \to -\infty} f(x) = +\infty$

$c)\ \lim\limits_{x \to +\infty} f(x) = -\infty$ $\qquad d)\ \lim\limits_{x \to -\infty} f(x) = -\infty$

Si los valores de la función crecen o decrecen según x tienda a $+\infty$ o a $-\infty$, la función no tiene límite finito.

DEFINICIÓN

$\forall k > 0$ arbitrario y suficientemente grande existe un $N > 0$ que depende de k tal que

$a)\ f(x) > k\ $ siempre que $\ x > N$

$b)\ f(x) > k\ $ siempre que $\ x < -N$

$c)\ f(x) < -k\ $ siempre que $\ x > N$

$d)\ f(x) < -k\ $ siempre que $\ x < -N$

La siguiente figura ilustra el caso $a)$

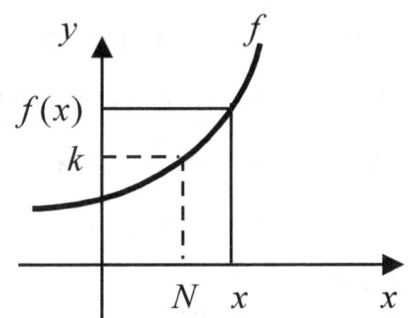

Para un $k > 0$ arbitrario queda determinado un $N > 0$ tal que si $x > N$ entonces $f(x) > k$

EJEMPLO 23)

Hallar $N(k)$ y calcular N para $k = 26999$ si $\lim\limits_{x \to +\infty} (1 - x^3) = -\infty$

Según la definición $c)$ es $\forall k > 0,\ \exists N(k)$ tal que $f(x) < -k$ siempre que $x > N$

Determinamos $N(k)$ partiendo de

$$1 - x^3 < -k \implies x^3 > 1 + k \implies x > \sqrt[3]{1+k}$$

Entonces se requiere $N = \sqrt[3]{1+k}$ para que se cumpla la definición.

DEFINICIÓN DE LÍMITE

Si $k = 26999$ resulta $N = 30$

Esto significa que para $x > 30$ los valores de la función son inferiores a -26999; es decir $1 - x^3 < -26999$ siempre que $x > 30$

¿Puede tomarse un $N_1 > N$ tal que se cumpla la definición?

EJEMPLO 24)

Demostrar que $\lim\limits_{x \to -\infty} e^{-x} = +\infty$

Según la definición b) se tiene $\forall k > 0$, $\exists N(k)$ tal que $f(x) > k$ siempre que $x < -N$

Determinamos $N(k)$ de $e^{-x} > k \Rightarrow -x > \ln k \Rightarrow x < -\ln k$

Luego debe hacerse $N = \ln k$ para que se cumpla la definición.
Demostración

Siendo $x < -N \Rightarrow x < -\ln k \Rightarrow -x > \ln k \Rightarrow \underbrace{e^{-x}}_{f(x)} > k$

EJEMPLO 25)

Determinar $N(k)$ si $\lim\limits_{x \to +\infty} \left(x^2 - 6x + 10\right) = +\infty$

Según la definición a) es $\forall k > 0$, $\exists N(k)$ tal que $f(x) > k$ siempre que $x > N$. Partiendo de $x^2 - 6x + 10 > k$ determinamos $N(k)$

$$x^2 - 6x + 10 > k \Rightarrow (x-3)^2 + 1 > k \Rightarrow (x-3)^2 > k - 1 \Rightarrow$$
$$\Rightarrow |x-3| > \sqrt{k-1}$$

Entonces si $x > 3$, resulta

$$x - 3 > \sqrt{k-1} \Rightarrow x > \sqrt{k-1} + 3$$

Luego se requiere $N = \sqrt{k-1} + 3$

EJEMPLO 26)

Hallar $N(k)$ si $\lim\limits_{x \to -\infty} \left(1 - \sqrt{x^2 + 1}\right) = -\infty$

Según la definición d) resulta $\forall k > 0$, $\exists N(k)$ tal que $f(x) < -k$ siempre que $x < -N$

Determinamos $N(k)$ de

$$1 - \sqrt{x^2 + 1} < -k \Rightarrow \sqrt{x^2 + 1} > k + 1 \Rightarrow x^2 + 1 > (k+1)^2 \Rightarrow$$
$$\Rightarrow x^2 > (k+1)^2 - 1 \Rightarrow \sqrt{x^2} > \sqrt{(k+1)^2 - 1} \Rightarrow |x| > \sqrt{(k+1)^2 - 1}$$

y para $x < 0$ resulta $x < -\sqrt{(k+1)^2 - 1}$

Por lo tanto $N = \sqrt{(k+1)^2 - 1}$

EJEMPLO 27)

Hallar $N(k)$ si $\cosh x \to +\infty$ cuando $x \to -\infty$

Siendo $\cosh x = \dfrac{e^x + e^{-x}}{2}$ se tiene por definición b) $\forall k > 0, \exists N(k)$ tal que

$$\dfrac{e^x + e^{-x}}{2} > k \quad \text{siempre que} \quad x < -N$$

Entonces

$$\dfrac{e^x + e^{-x}}{2} > \dfrac{e^{-x}}{2} > k \;\Rightarrow\; e^{-x} > 2k \;\Rightarrow\; -x > \ln(2k) \;\Rightarrow\; x < -\ln(2k)$$

Luego debe tomarse $N = \ln(2k)$

EJEMPLO 28)

Si $k = 200$, qué valores de x deben tomarse para que se cumpla

$$\lim_{x \to +\infty} \dfrac{3x^4 + 1}{5x^3} = +\infty$$

Por definición a) se tiene $\forall k > 0, \exists N(k)$ tal que $\dfrac{3x^4 + 1}{5x^3} > k$ si $x > N$

Entonces para $x > 0$ es

$$\dfrac{3x^4 + 1}{5x^3} > \dfrac{3x^4}{5x^3} > \dfrac{x}{5} > k \;\Rightarrow\; x > 5k$$

Luego basta tomar $N = 5k$ para que se cumpla la definición. Si $k = 200$ resulta que $N = 1000$; esto es $\dfrac{3x^4 + 1}{5x^3} > 200$ siempre que $x > 1000$

EJEMPLO 29)

Hallar $N(k)$ si $\lim\limits_{x \to +\infty} \dfrac{x^2 - 1}{2x} = +\infty$

Utilizando nuevamente la definición a) es

$$\forall k > 0, \exists N(k) \text{ tal que } \dfrac{x^2 - 1}{2x} > k \text{ siempre que } x > N$$

Partiendo de $\dfrac{x^2-1}{2x} > k$, resulta

$$\dfrac{x^2-1}{2x} > \dfrac{\frac{x^2}{2}}{2x} = \dfrac{x^2}{4x} = \dfrac{x}{4} > k$$

Nótese que la desigualdad $x^2 - 1 > \dfrac{x^2}{2}$ se cumple para $x > \sqrt{2}$

Luego de $\dfrac{x}{4} > k \quad \Rightarrow \quad x > 4k$

Teniendo en cuenta las dos condiciones para x, escribimos
$N = \max(\sqrt{2}, 4k)$

LÍMITE Y CONTINUIDAD

EJERCICIOS 5.4

Hallar $N(k)$ y demostrar los siguientes límites.

1) $\lim\limits_{x \to +\infty} 2x^3 = +\infty$

2) $\lim\limits_{x \to -\infty} (x^5 + 1) = -\infty$

3) $\lim\limits_{x \to -\infty} (4x + 1) = -\infty$

4) $\lim\limits_{x \to +\infty} (2 - 7x) = -\infty$

5) $\lim\limits_{x \to -\infty} (x + 1)^2 = +\infty$

6) $\lim\limits_{x \to +\infty} \dfrac{x^2 - 1}{x + 1} = +\infty$

7) $\lim\limits_{x \to +\infty} \dfrac{x^3 + 8}{x^2 - 2x + 4} = +\infty$

8) $\lim\limits_{x \to -\infty} \dfrac{x^3 + 1 + 3x^2 + 3x}{x^2 + 1 + 2x} = -\infty$

9) $\lim\limits_{x \to +\infty} (1 - x^4) = -\infty$

10) $\lim\limits_{x \to +\infty} \dfrac{x^2 + 2x - 3}{x - 2} = +\infty$

11) $\lim\limits_{x \to +\infty} 100^x = +\infty$

12) $\lim\limits_{x \to +\infty} \dfrac{1}{\sqrt[x]{10} - 1} = +\infty$

13) $\lim\limits_{x \to +\infty} \ln x = +\infty$

14) $\lim\limits_{x \to -\infty} \ln x^2 = +\infty$

15) $\lim\limits_{x \to +\infty} (e - \ln x) = -\infty$

16) $\lim\limits_{x \to +\infty} \left(\dfrac{7}{5}\right)^{4x} = +\infty$

17) $\lim\limits_{x \to -\infty} (4x^2 + 16x + 15) = +\infty$

18) $\lim\limits_{x \to -\infty} (x^3 - 3x^2 + 3x + 3) = -\infty$

19) $\lim\limits_{x \to +\infty} \dfrac{x^2 + 1}{x - 3} = +\infty$

20) $\lim\limits_{x \to +\infty} \dfrac{e^x - e^{-x}}{2} = +\infty$

21) a) $\lim\limits_{x \to +\infty} f(x) = +\infty$ b) $\lim\limits_{x \to -\infty} f(x) = +\infty$ si $f(x) = \begin{cases} \ln x^3 \, ; & x > 0 \\ (1/10)^x \, ; & x \leq 0 \end{cases}$

22) a) $\lim\limits_{x \to +\infty} f(x) = +\infty$ b) $\lim\limits_{x \to -\infty} f(x) = -\infty$ si $f(x) = \begin{cases} x^2/4 \, ; & x > 0 \\ 3x \, ; & x \leq 0 \end{cases}$

DEFINICIÓN DE LÍMITE

Ejercicios diversos

23) Determinar un valor de N tal que si $x > N$ entonces $1 - x^3 < -3374$

24) Determinar un valor de N tal que si $x > N$ entonces $x^2 + 200 > 1100$

Proponer una formula para $f(x)$ en los siguientes casos

25) $x > \dfrac{1}{2} \ln k \;\Rightarrow\; f(x) > k$

26) $x > k^2 - 100 \;\Rightarrow\; f(x) > k$

LÍMITE Y CONTINUIDAD

6

CONTINUIDAD

Cuando la gráfica de una función sufre un salto o una interrupción en un punto o en un intervalo de su dominio, se dice entonces que la función es discontinua. Caso contrario la función es continua.

Para precisar este concepto veremos enseguida cuáles son las condiciones para que la función sea continua en un punto y en un intervalo.

6.1) Función continua en un punto

La función $f(x)$ es continua en el punto $x = a$ si y solo si
1) Existe $f(a)$
2) Existe $\lim_{x \to a} f(x)$
3) $\lim_{x \to a} f(x) = f(a)$

Si algunas de estas 3 condiciones no se cumplen entonces la función no es continua en $x = a$

EJEMPLO 1)

La función $f(x) = \dfrac{x^2 - 4}{x + 2}$ es discontinua en $x = -2$ pues $f(-2)$ no existe.
Nótese que la gráfica se interrumpe cuando $x = -2$

En efecto, siendo

$$f(x) = \frac{x^2 - 4}{x + 2} = \frac{(x-2)(x+2)}{x+2} = x - 2; \quad si \quad x \neq -2$$

La gráfica es

LÍMITE Y CONTINUIDAD

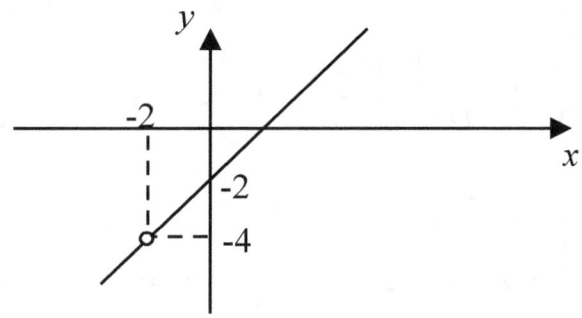

EJEMPLO 2)

La función $f(x) = \begin{cases} x+1 & si \quad x > 1 \\ -x^2 & si \quad x \leq 1 \end{cases}$ es discontinua en $x = 1$ pues si bien existe $f(1)$, no se cumple la segunda condición; es decir $\lim_{x \to 1} f(x)$ no existe.

Se observa que $\lim_{x \to 1^+} f(x) = 2$ y $\lim_{x \to 1^-} f(x) = -1$

La gráfica es

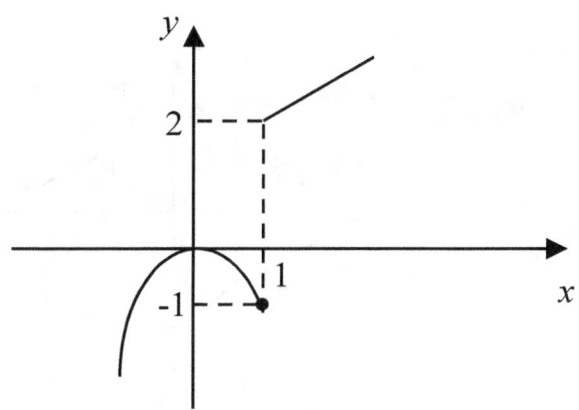

EJEMPLO 3)

La función $f(x) = \begin{cases} 2x-4 & si \quad x \neq 4 \\ -2 & si \quad x = 4 \end{cases}$ es discontinua en $x = 4$ pues no se cumple la tercera condición; esto es $\lim_{x \to 4} f(x) \neq f(4)$ pues $\lim_{x \to 4} f(x) = 4$ y $f(4) = -2$. La gráfica es

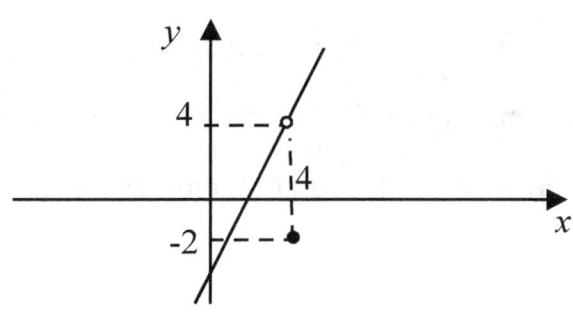

150

CONTINUIDAD

EJEMPLO 4)

La función $f(x) = \begin{cases} \dfrac{x^3-1}{x-1} & si \quad x \neq 1 \\ 3 & si \quad x = 1 \end{cases}$ es continua en $x = 1$ pues

1) Existe $f(1)$; $f(1) = 3$

2) Existe $\lim\limits_{x \to 1} f(x)$ ya que $\lim\limits_{x \to 1^+} f(x) = 3$ y $\lim\limits_{x \to 1^-} f(x) = 3$

3) $\lim\limits_{x \to 1} f(x) = f(1)$

EJEMPLO 5)

La función $f(x) = \begin{cases} \dfrac{1}{x} & si \quad x \neq 0 \\ 0 & si \quad x = 0 \end{cases}$ es discontinua en $x = 0$ pues si bien existe

$f(0) = 0$; observamos que $\lim\limits_{x \to 0^+} f(x) = +\infty$ y $\lim\limits_{x \to 0^-} f(x) = -\infty$

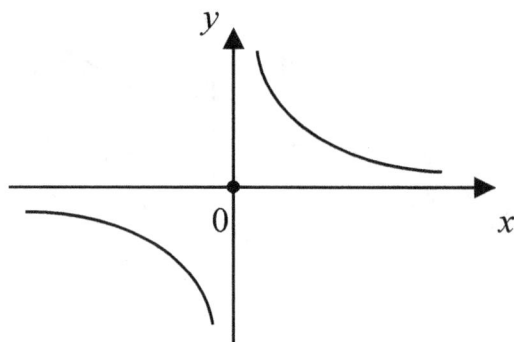

EJEMPLO 6)

Estudiar la continuidad de la función $f(x) = \begin{cases} \cos x & si \quad x < 0 \\ 3x+1 & si \quad 0 \leq x < 2 \\ \sqrt{x+2} & si \quad x \geq 2 \end{cases}$ en

$x = 0$ y en $x = 2$

Siendo $f(0) = \lim\limits_{x \to 0} f(x) = 1$; resulta que $f(x)$ es continua en $x = 0$

Siendo $\lim\limits_{x \to 2^-} f(x) = 7$ y $\lim\limits_{x \to 2^+} f(x) = 2$ se tiene que no existe el límite de $f(x)$ cuando $x \to 2$; luego la función es discontinua en $x = 2$

LÍMITE Y CONTINUIDAD

Clasificación

Las discontinuidades se clasifican en
- evitables, llamadas también eliminables y
- no evitables o esenciales

Son evitables aquellas cuyas funciones tienen límite finito; es decir existe $\lim_{x \to a} f(x)$. En este caso puede definirse nuevamente la función transformándola en continua.

Las funciones que no tienen límite finito presentan una discontinuidad no evitable o esencial en el punto considerado.

EJEMPLO 7)

La función del ejemplo 1) $f(x) = \dfrac{x^2 - 4}{x + 2}$ es discontinua evitable en $x = -2$ pues

$$\lim_{x \to -2^+} f(x) = 0; \quad \lim_{x \to -2^-} f(x) = 0; \quad \text{luego} \quad \lim_{x \to -2} f(x) = 0$$

Si se quiere definir nuevamente la función para que sea continua, el valor del límite debe coincidir con el valor de la función en $x = -2$

Entonces definimos $g(x) = \begin{cases} \dfrac{x^2 - 4}{x + 2} & si \quad x \neq -2 \\ 0 & si \quad x = -2 \end{cases}$

que es continua en $x = -2$ pues cumple las tres condiciones dadas.

1) Existe $g(-2); \; g(-2) = 0$
2) Existe $\lim_{x \to -2} g(x); \quad \lim_{x \to -2} g(x) = 0$
3) $\lim_{x \to -2} g(x) = g(-2)$

EJEMPLO 8)

La función del ejemplo 2) es esencial en $x = 1$ pues no existe el límite de $f(x)$ cuando $x \to 1$. Si se observa el gráfico, vemos que la función presenta un "salto finito" en su trazado.

EJEMPLO 9)

La función del ejemplo 3) es evitable en $x = 4$ pues existe el límite de $f(x)$ cuando $x \to 4$. Definimos nuevamente la función haciendo

CONTINUIDAD

$$u(x) = \begin{cases} 2x-4 & si \quad x \neq 4 \\ 4 & si \quad x = 4 \end{cases}$$

EJEMPLO 10)
La función del ejemplo 5) presenta una discontinuidad esencial en $x = 0$ pues $\lim_{x \to 0^-} f(x) = -\infty$ y $\lim_{x \to 0^+} f(x) = +\infty$; por lo tanto no existe $\lim_{x \to 0} f(x)$

En este caso se dice que la función posee un "salto infinito" en $x = 0$

EJEMPLO 11)
La función $f(x) = e^{1/x}$ presenta una discontinuidad esencial en $x = 0$.

En efecto, $f(0)$ no existe; además $\lim_{x \to 0^+} f(x) = +\infty$ y $\lim_{x \to 0^-} f(x) = 0$. Luego $\lim_{x \to 0} f(x)$ no existe.

EJEMPLO 12)
La función $f(x) = sen(1/x)$ es discontinua esencial en $x = 0$ pues no existe $f(0)$ ni el límite de $f(x)$ cuando $x \to 0$

¿Para qué valores de x la función seno toma valores alternados 1 y -1?

EJEMPLO 13)
Hallar el valor de m y k para que la función $f(x) = \begin{cases} 3x - m + 1 & si \quad x > 2 \\ x^2 - 6 & si \quad x < 2 \\ k + 3 & si \quad x = 2 \end{cases}$

sea continua en $x = 2$

Se analizan las condiciones correspondientes.

1) Existe $f(2)$; $f(2) = k + 3$

2) Existe el $\lim_{x \to 2} f(x)$; esto es $\lim_{x \to 2^+} f(x) = 7 - m$ y $\lim_{x \to 2^-} f(x) = -2$

Luego debe hacerse
$$\lim_{x \to 2^+} f(x) = \lim_{x \to 2^-} f(x)$$
$$7 - m = -2 \quad \Rightarrow \quad m = 9$$

3) $\lim_{x \to 2} f(x) = f(2)$

$$-2 = k + 3 \quad \Rightarrow \quad k = -5$$

LÍMITE Y CONTINUIDAD

EJERCICIOS 6.1

Hallar si existen valores de x, tales que las siguientes funciones sean discontinuas.

1) $f(x) = \dfrac{3}{x+4}$

2) $f(x) = \dfrac{x}{x^2 + 1}$

3) $f(x) = \dfrac{x}{x^2 - 3x}$

4) $f(x) = \left(4x - \dfrac{1}{x} + 1\right)^2$

5) $f(x) = \dfrac{1}{x^3 + 2x^2 - x - 2}$

6) $f(x) = \dfrac{x+1}{x^4 - 5x^2 + 4}$

7) $f(x) = e^{-1/x}$

8) $f(x) = 2^{1/(x-1)}$

9) $f(x) = \ln x^2$

10) $f(x) = \ln(1/x^2)$

11) $f(x) = senx - \sec x$

12) $f(x) = 1 + tgx$

13) $f(x) = \cos ecx$

14) $f(x) = 1 + \cos x$

15) $f(x) = [x]$ (parte entera de x)

16) $f(x) = sgx$ (signo de x)

17) $f(x) = \cos echx$

18) $f(x) = tghx$

19) $f(x) = senh^{-1} x$

20) $f(x) = sen(\ln|x|)$

21) $f(x) = \begin{cases} x-1 & si \ x < 0 \\ -1 & si \ x = 0 \\ x+1 & si \ x > 0 \end{cases}$

22) $f(x) = \begin{cases} x^2 + x - 1 & si \ x \leq 1 \\ x^3 - 1 & si \ x > 1 \end{cases}$

23) $f(x) = \begin{cases} \dfrac{1}{x^2} & si \ x \neq 0 \\ 0 & si \ x = 0 \end{cases}$

24) $f(x) = \begin{cases} \dfrac{x^2 - x}{x - 1} & si \ x < 1 \\ \sqrt{x} & si \ x \geq 1 \end{cases}$

CONTINUIDAD

25) $f(x) = \begin{cases} 1 & si \quad x = -2 \\ \sqrt[3]{x} & si \quad x < -2 \\ \sqrt[5]{x} & si \quad x > -2 \end{cases}$

26) $f(x) = \begin{cases} x^{100} - 1 & si \quad x = -1 \\ \dfrac{1}{x+1} & si \quad x \neq -1 \end{cases}$

27) $f(x) = \begin{cases} 1 - \cos x & si \quad x = -\pi \\ 0 & si \quad x \neq -\pi \end{cases}$

28) $f(x) = \begin{cases} \dfrac{\sqrt[3]{x\sqrt[3]{x+1}}}{x} & si \quad x > 0 \\ 1 - \sqrt[3]{x} & si \quad x \leq 0 \end{cases}$

29) $f(x) = \begin{cases} |x| & si \quad \frac{1}{2} \leq x < 2 \\ x^6 & si \quad x < \frac{1}{2} \\ \dfrac{1}{2-x} & si \quad x \geq 2 \end{cases}$

30) $f(x) = \begin{cases} senhx & si \quad x > 0 \\ \cosh x & si \quad x = 0 \\ tghx & si \quad x < 0 \end{cases}$

Clasificar los puntos de discontinuidad en evitables y esenciales según corresponda.

31) $f(x) = \dfrac{x^2 - 144}{x - 12}$

32) $f(x) = \dfrac{x^2 - 6x + 8}{x - 2}$

33) $f(x) = \dfrac{x - 1}{x^3 - 1}$

34) $f(x) = \dfrac{6x}{x^2 - 4x - 5}$

35) $f(x) = \dfrac{\sqrt{x} - 1}{x - 1}$

36) $f(x) = \dfrac{\sqrt[3]{x} - 2}{x - 8}$

37) $\quad\quad\quad\quad\quad\quad\quad\quad f(x) = \sqrt[x]{100} + 1$

38) $f(x) = \dfrac{1 - e^x}{x}$

39) $f(x) = \ln|x|$

40) $f(x) = \dfrac{1}{\log x^2}$

41) $f(x) = \cos\left(\dfrac{1}{x}\right)$

42) $f(x) = \ln\left(\dfrac{x+2}{x^2 + 2x}\right)$

LÍMITE Y CONTINUIDAD

43) $f(x) = \dfrac{senx}{x}$

44) $f(x) = \dfrac{1}{sen^{-1}x}$

45) $f(x) = xsen(1/x)$

46) $f(x) = e^{-1/|x|} sen(1/x^2)$

47) $f(x) = tgx$

48) $f(x) = \cot gx$

49) $f(x) = \begin{cases} x^2 - 9 & si \quad x < 3 \\ x & si \quad x = 3 \\ 2x - 6 & si \quad x > 3 \end{cases}$

50) $f(x) = \begin{cases} 1 & si \quad x = 1 \\ 2 & si \quad x < 1 \\ \sqrt{x-1} & si \quad x > 1 \end{cases}$

51) $f(x) = \begin{cases} \dfrac{4x}{x+2} & si \quad x \neq -2 \\ |x| & si \quad x = -2 \end{cases}$

52) $f(x) = \begin{cases} 10^x + 1 & si \quad x > 0 \\ 10^{-x} & si \quad x \leq 0 \end{cases}$

53) $f(x) = \begin{cases} (x-2)^2 & si \quad 1 < x \leq 3 \\ (x-4)^2 & si \quad x > 3 \\ 2x & si \quad x < 1 \\ x^2 - 1 & si \quad x = 1 \end{cases}$

54) $f(x) = \begin{cases} \dfrac{|x-2|}{x-2} & si \quad x > 2 \\ \sqrt{|1-x|+1} & si \quad -1 < x \leq 2 \\ \dfrac{1}{x+1} & si \quad x < -1 \\ e^x & si \quad x = -1 \end{cases}$

55) $f(x) = \begin{cases} -x^2 + 12x - 28 & si \quad x > 4 \\ \dfrac{x}{2} & si \quad 0 < x \leq 4 \\ 1 - \cos x & si \quad x \leq 0 \end{cases}$

56) $f(x) = \begin{cases} sen^{-1}x & si \quad -1 \leq x \leq 1 \\ \ln(-x) & si \quad x < -1 \\ \dfrac{\sqrt{x}}{x^2 - 1} & si \quad x > 1 \end{cases}$

57) $f(x) = \begin{cases} \cosh^2 x + 3senhx & si \quad x \geq 0 \\ 3 + \cos x & si \quad -\pi < x < 0 \\ -\dfrac{2x}{\pi} & si \quad x < -\pi \\ tgx & si \quad x = -\pi \end{cases}$

58) $f(x) = \begin{cases} senx & si \quad 0 \leq x \leq \pi \\ \cos x & si \quad -\dfrac{\pi}{2} \leq x < 0 \\ 2x - \pi & si \quad x < -\dfrac{\pi}{2} \\ \dfrac{1}{\pi - x} & si \quad x > \pi \end{cases}$

CONTINUIDAD

59) $f(x) = \begin{cases} \sqrt[3]{\dfrac{sen(\pi x)}{x^2-16}} & si \ x \neq 4 \\ \sqrt[x]{16} & si \ x = 4 \end{cases}$

60) $f(x) = \begin{cases} \sqrt{\dfrac{5^x-1}{x}} & si \ x > 0 \\ 1 & si \ x \leq 0 \end{cases}$

61) $f(x) = \begin{cases} \dfrac{\ln(1+12x^3)}{4x^3} & si \ x > 0 \\ \dfrac{1-\cos(2x)}{x} & si \ x < 0 \\ \cos^{-1} x & si \ x = 0 \end{cases}$

62) $f(x) = \begin{cases} (1-x)\ln_x 3 & si \ x \neq 1 \\ senh^{-1} x & si \ x = 1 \end{cases}$

Hallar los valores de *m* y *k* para que las siguientes funciones sean continuas.

63) $f(x) = \begin{cases} x^2 & si \ x > -1 \\ kx+2 & si \ x \leq -1 \end{cases}$

64) $f(x) = \begin{cases} \dfrac{4-x^2}{2-x} & si \ x \neq 2 \\ m-5 & si \ x = 2 \end{cases}$

65) $f(x) = \begin{cases} 2m+3x & si \ x < 1 \\ k+1 & si \ x = 1 \\ 2x-1 & si \ x > 1 \end{cases}$

66) $f(x) = \begin{cases} x^2-x & si \ x = 3 \\ k+m+1 & si \ x > 3 \\ 2k & si \ x < 3 \end{cases}$

67) $f(x) = \begin{cases} k+2m-x & si \ x > 2 \\ 3x^2 & si \ x = 2 \\ -k+m-4x & si \ x < 2 \end{cases}$

68) $f(x) = \begin{cases} m^2+m-1 & si \ x < 0 \\ 3x+1 & si \ x > 0 \\ k+5 & si \ x = 0 \end{cases}$

69) $f(x) = \begin{cases} \dfrac{\ln(1+x)}{2x} & si \ x \neq 0 \\ 2^{m+2} & si \ x = 0 \end{cases}$

70) $f(x) = \begin{cases} \dfrac{1-\cos x}{x^2} & si \ x \neq 0 \\ \cos(6k) & si \ x = 0 \end{cases}$

71) $f(x) = \begin{cases} 2m-k & si \ x < 3 \\ \dfrac{x^3-27}{x-3} & si \ x > 3 \\ 4\dfrac{m}{k}+3 & si \ x = 3 \end{cases}$

72) $f(x) = \begin{cases} x.sen\left(\dfrac{2}{x}\right) & si \ x > 0 \\ 10^{m+x}-k & si \ x < 0 \\ x^2+k-1 & si \ x = 0 \end{cases}$

LÍMITE Y CONTINUIDAD

Ejercicios diversos

Estudiar la continuidad de las siguientes funciones dadas en los ejercicios **73) - 81)**.

73) $f(x) = \begin{cases} \left|\dfrac{sen(2x)}{2x}\right| & si \ x \neq 0 \\ 1 & si \ x = 0 \end{cases}$

74) $f(x) = \begin{cases} sen\left(\dfrac{\pi}{2}x\right) & si \ |x| \leq 1 \\ |x| & si \ |x| > 1 \end{cases}$

75) $f(x) = \begin{cases} 0 & si \ x \in Z \ (enteros) \\ \dfrac{1}{x} & si \ x \notin Z \end{cases}$

76) $f(x) = \begin{cases} 1 & si \ x \ es \ racional \\ 0 & si \ x \ es \ irracional \end{cases}$

(Función de Dirichlet)

77) $f(x) = \lim\limits_{h \to 0} \dfrac{h^2 x}{h^3 - \dfrac{h^2}{2}x}$

78) $f(x) = x[x]$

79) $f(x) = x - [x]$

80) $f(x) = \dfrac{[x]}{x}$

81) $f(x) = \dfrac{|x|}{x}$

82) Considere la función $u(x) = xf(x)$ donde $f(x)$ es la función de Dirichlet; analice si $u(x)$ es discontinua en $x = 0$

En los ejercicios **83) - 90)**, determinar $f(a)$ para que las siguientes funciones sean continuas en $x = a$

83) $f(x) = \dfrac{x^2 - x - 2}{2 - x} \quad a = 2$

84) $f(x) = \dfrac{1 - \sqrt[3]{x}}{1 - \sqrt{x}} \quad a = 1$

85) $f(x) = \dfrac{sen(8x)}{tg(4x)} \quad a = 0$

86) $f(x) = x^4 sen\left(\dfrac{\pi}{x}\right) \quad a = 0$

87) $f(x) = (1 + senx)^{10/x} \quad a = 0$

88) $f(x) = x^{tg(5x)} \quad a = 0$

89) $f(x) = \dfrac{e^{-x} - 1}{x} \quad a = 0$

90) $f(x) = x \ln x \quad a = 0$

CONTINUIDAD

91) Sea $f(x) = \dfrac{x^2 + m}{x^2 + px + q}$, hallar las constantes m, p y q tales que $f(x)$ presente una discontinuidad evitable en $x = 1$ y esencial en $x = -2$ con salto infinito.

92) Sea $f(x) = \dfrac{x^2}{x^2 + px + q}$, hallar las constantes p y q tales que $f(x)$ presente una discontinuidad esencial con salto infinito en $x = -2$ y en $x = 4$

Hallar las constantes m y p para que las funciones dadas en los ejercicios **93)** y **94)** sean continuas.

93) $f(x) = \begin{cases} m^2 & si \ p \leq x \\ 1+x & si \ m \leq x < p \\ \sqrt{1+2x^2} & si \ 0 \leq x < m \end{cases}$

94) $f(x) = \begin{cases} \dfrac{m+p-1}{5+x} & si \ x < -3 \\ p - x^2 & si \ -3 \leq x < 1 \\ \dfrac{m+px}{4x} & si \ 1 \leq x \end{cases}$

95) Hallar las constantes a y b tales que la función $f(x)$ sea continua y

$\lim\limits_{x \to +\infty} (f(x) + 1) = 21$ donde $f(x) = \begin{cases} \dfrac{ax^2 + b}{2x^2 + x - 10} & si \ x \geq 10 \\ \dfrac{x}{5} & si \ x < 10 \end{cases}$

96) Hallar los números reales a, b y c tales que la función $f(x)$ sea continua y

$\lim\limits_{x \to -\infty} f(x) = 0$ donde $f(x) = \begin{cases} e^x + \dfrac{2x}{x+1} + b & si \ x < 0 \\ 4b - x + c & si \ 0 \leq x \leq 2 \\ 3xa & si \ 2 < x \end{cases}$

Mediante la definición $\varepsilon - \delta$, demostrar que las siguientes funciones son continuas en $x = a$. Analizar luego si δ depende sólo de ε (*función continua uniforme*) o también de a.

97) $f(x) = 2x$ **98)** $f(x) = 10^x$ **99)** $f(x) = sen x$ **100)** $f(x) = x^2$

6.2) Función continua en un intervalo

Una función $f(x)$ es continua en un intervalo (a,b) si es continua en todos los puntos del mismo.

Una función $f(x)$ es continua en un intervalo $[a,b]$ si lo es en (a,b) y además $\lim_{x \to a^+} f(x) = f(a)$ y $\lim_{x \to b^-} f(x) = f(b)$

Análogas definiciones resultan para intervalos $[a,b)$, $(-\infty, b]$, etc.

EJEMPLO 14)

La función $f(x) = \ln(9 - x^2)$ es continua en $(-3, 3)$ pero no lo es en $[-3, 3]$ pues $f(-3)$ y $f(3)$ no existen

EJEMPLO 15)

La función $f(x) = \sqrt{25 - x^2}$ es continua en $[-5, 5]$ ya que lo es en $(-5, 5)$ y además $\lim_{x \to -5^+} f(x) = f(-5) = 0$ y $\lim_{x \to -5^-} f(x) = f(5) = 0$

EJEMPLO 16)

La función $f(x) = \sqrt{4 + x}$ es continua en $[-4, +\infty)$ pues es continua en $(-4, +\infty)$ y además $\lim_{x \to -4^+} f(x) = f(-4) = 0$

EJEMPLO 17)

La función $f(x) = \begin{cases} x^2 + 1 & si \quad 0 \leq x < 2 \\ 1 & si \quad -1 < x < 0 \end{cases}$ es continua en $(-1, 2)$ por que lo es en todo punto del intervalo. Verifíquese para $x = 0$. Constrúyase una gráfica de $f(x)$

EJEMPLO 18)

La función $f(x) = \begin{cases} x^3 - 8 & si \quad 0 < x \leq 1 \\ x + 1 & si \quad x = 0 \\ x^2 - 1 & si \quad -1 < x < 0 \end{cases}$ no es continua en $(-1, 1]$ pues en $x = 0$ es discontinua. Verifíquese. Represéntese gráficamente.

CONTINUIDAD

EJEMPLO 19)

La función dada por el gráfico

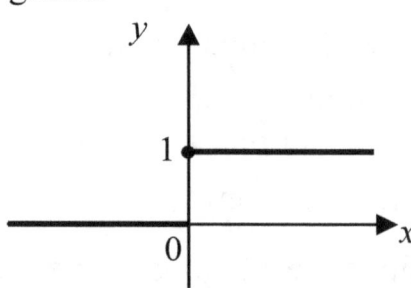

es continua en $(-\infty, 0)$ y en $[0 +\infty)$, pero no lo es en $x = 0$ pues no cumple las condiciones de continuidad, ya que $\lim\limits_{x \to 0^-} f(x) = 0$ y $\lim\limits_{x \to 0^+} f(x) = 1$

EJEMPLO 20)

¿Para qué valores de x, $f(x) = \dfrac{1}{x^3 + 2x^2 - x - 2}$ es discontinua? Hallar los intervalos de continuidad.

La función es discontinua en $x = -2$, $x = -1$ y $x = 1$ pues no existen $f(-2)$, $f(-1)$ y $f(1)$

La función es continua en los intervalos $(-\infty, -2)$, $(-2, -1)$, $(-1, 1)$ y $(1, +\infty)$

LÍMITE Y CONTINUIDAD

EJERCICIOS 6.2

Determinar en qué intervalos las siguientes funciones son continuas.

1) $f(x) = \sqrt{3x-1}$

2) $f(x) = \sqrt{10-x}$

3) $f(x) = \ln(4-x^2)$

4) $f(x) = \ln\dfrac{x-1}{x+2}$

5) $f(x) = \sqrt{1-x^2}$

6) $f(x) = 10^{\sqrt{x}} - 1$

7) $f(x) = \sqrt{\dfrac{7-x}{x+7}}$

8) $f(x) = \dfrac{x}{\sqrt{1-x^2}}$

9) $f(x) = tg(4x)$

10) $f(x) = \tanh x$

11) $f(x) = \begin{cases} x^2 + x & si \;\; -1 \le x < 3 \\ 4x & si \;\; 3 \le x < 5 \\ 1 - x & si \;\; x = 5 \end{cases}$

12) $f(x) = \begin{cases} 10^x & si \;\; x > 0 \\ 2 & si \;\; x = 0 \\ x^2 & si \;\; x < 0 \end{cases}$

Ejercicios diversos

13) Proponer una función $f(x)$ definida por tramos, continua en R (reales) tal que: si $x < 0$ se obtenga valores dados por $1 - x^2$ y si $x > 4$ resulte $x - 4$

14) Determinar si existe una función $h(x)$ tal que

$$f(x) = \begin{cases} h(x) & si \;\; x \in [0,1] \\ \ln x & si \;\; x > 1 \\ 1 + \dfrac{tgx}{x} & si \;\; x < 0 \end{cases}$$

sea continua en el conjunto de números reales.

7
PROPIEDADES DE LAS FUNCIONES CONTINUAS

A continuación presentamos las propiedades fundamentales que cumplen las funciones continuas.

Si $f(x)$ y $g(x)$ son funciones continuas en $x = a$ entonces las siguientes, son funciones continuas en $x = a$

a) $k.f(x)$; k constante

b) $f(x) + g(x)$ (propiedad de la suma)

c) $f(x) - g(x)$ (propiedad de la diferencia)

d) $f(x)g(x)$ (propiedad del producto)

e) $\dfrac{f(x)}{g(x)}$; $g(x) \neq 0$ (propiedad del cociente)

EJEMPLO 1)
La funciones $f(x) = x$ y $g(x) = \cos x$ son continuas en $x = a$; por lo tanto la función $x + \cos x$ también es continua en $x = a$ según la propiedad b).

EJEMPLO 2)
Las funciones $f(x) = x^3$ y $g(x) = senx$ son continuas en $x = a$; luego la función $x^3 senx$ también es continua en $x = a$ según la propiedad d).

EJEMPLO 3)
Las funciones $f(x) = e^x$ y $g(x) = x^2 + 1$ son continuas en $x = a$; por lo tanto la función $\dfrac{e^x}{x^2 + 1}$ es continua en $x = a$ según la propiedad e).

LÍMITE Y CONTINUIDAD

Continuidad de la función compuesta

Si $g(x)$ es continua en $x=a$ y f es continua en $g(a)$ entonces la función compuesta $f[g(x)]$ es continua en $x=a$

EJEMPLO 4)

Estudiar la continuidad de las funciones compuestas $f \circ g$ y $g \circ f$ en $x=5$ si $f(x) = \dfrac{1}{x-5}$ y $g(x) = 2x$

Para determinar si $f \circ g$ es continua en $x=5$ se debe analizar si $g(x)$ es continua en 5 y luego si $f(x)$ es continua en $g(5)$. Se observa que $g(x)=2x$ es continua en 5 y que además $f(x)$ es continua en $g(5)=10$; luego $f \circ g$ es continua en $x=5$ donde $f \circ g = f[g(x)] = f[2x] = \dfrac{1}{2x-5}$

En el caso de la función compuesta $g \circ f$ debe analizarse si $f(x)$ es continua en 5 y si $g(x)$ es continua en $f(5)$. Se observa que $f(x) = \dfrac{1}{x-5}$ es discontinua en $x=5$ pues no existe $f(5)$, luego no puede aplicarse la propiedad. Se tiene entonces $g \circ f = \dfrac{2}{x-5}$ y puede verificarse que no es continua en $x=5$

Teorema del valor intermedio

Si $f(x)$ es continua en el intervalo cerrado $[a,b]$ y $f(a) \neq f(b)$ entonces para cualquier valor de k comprendido entre $f(a)$ y $f(b)$ existe al menos un valor de c entre a y b tal que $f(c) = k$

$k = f(c)$ donde $f(a) < k < f(b)$ y $a < c < b$

Puede ocurrir que exista más de un valor de c en el intervalo $[a,b]$ como ilustra la siguiente figura

PROPIEDADES DE LAS FUNCIONES CONTINUAS

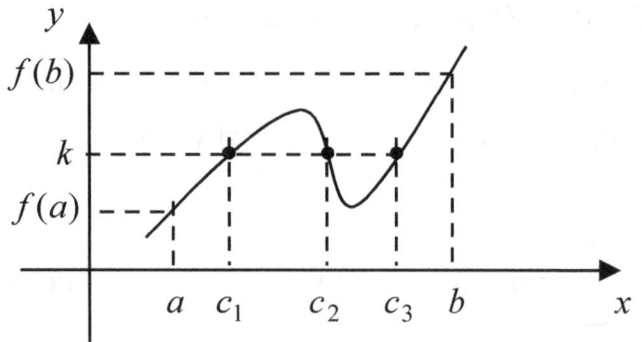

EJEMPLO 5)

Aplicar el teorema del valor intermedio para hallar un valor $c \in [1,4]$ tal que si $f(x) = x^2 - 2x - 15$ entonces $f(c) = -15$

La función es continua en $[1,4]$; como -15 está comprendido entre $f(1) = -16$ y $f(4) = -7$ existe entonces por lo menos un valor c perteneciente al intervalo dado tal que $f(c) = -15$

Siendo $f(c) = c^2 - 2c - 15$ se tiene

$$c^2 - 2c - 15 = -15 \Rightarrow c^2 - 2c = 0 \Rightarrow c_1 = 0 \text{ y } c_2 = 2$$

Como $c_1 = 0$ no pertenece al intervalo $[1,4]$, se descarta este valor y se toma como valor intermedio $c_2 = 2$; es decir $2 \in [1,4]$ y $f(2) = -15$

Teorema de Bolzano

Si $f(x)$ es continua en $[a,b]$ y los valores $f(a)$ y $f(b)$ tienen signos opuestos entonces existe al menos un valor de c tal que $f(c) = 0$

$$f(c) = 0 \quad \text{si} \quad f(a) < 0 \text{ y } f(b) > 0$$

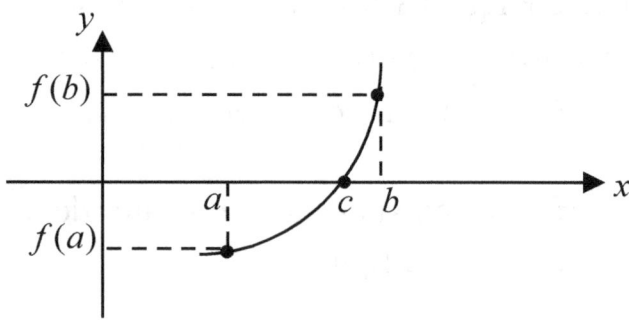

LÍMITE Y CONTINUIDAD

EJEMPLO 6)

Hallar los ceros reales de la función $f(x) = x^3 - 3x^2 - x + 3$ en el intervalo $[-2, 5]$

Como la función polinómica es continua en $[-2, 5]$ y los valores correspondientes $f(-2) = -1$ y $f(5) = 48$ tienen signos opuestos, existe por lo menos un valor c tal que $f(c) = 0$ según el teorema de Bolzano.

Entonces $f(x) = x^3 - 3x^2 - x + 3 \Rightarrow f(c) = c^3 - 3c^2 - c + 3$ y dado que $f(c) = 0$ resulta

$$c^3 - 3c^2 - c + 3 = 0$$

obteniéndose $c_1 = 1$; $c_2 = -1$ y $c_3 = 3$

Como 1, -1 y 3 son puntos del intervalo $[-2, 5]$ se concluye entonces que estos valores son los ceros reales de la función en dicho intervalo.

Existencia de la función inversa

Si $f(x)$ es estrictamente creciente; esto es

$$x_1 < x_2 \Rightarrow f(x_1) < f(x_2)$$

y continua en $[a, b]$ entonces existe la función inversa $f^{-1}(x)$ estrictamente creciente y continua en $[f(a), f(b)]$

Análogamente se cumple esta propiedad para funciones estrictamente decrecientes. La función $f(x)$ es estrictamente decreciente si

$$x_1 < x_2 \Rightarrow f(x_1) > f(x_2)$$

EJEMPLO 7)

La función $f(x) = 4x + 1$ es estrictamente creciente y continua en $[1, 4]$; en consecuencia existe la función inversa dada por $f^{-1}(x) = \dfrac{x-1}{4}$ que también es estrictamente creciente y continua en el intervalo $[5, 17]$

PROPIEDADES DE LAS FUNCIONES CONTINUAS

EJERCICIOS 7

Colocar V ó F. Justificar.

1) Si $f(x)$ es continua y $g(x)$ es discontinua en $x = a$ entonces el producto entre las funciones es siempre discontinua en $x = a$.

2) Si $f(x)$ y $g(x)$ son funciones discontinuas en $x = a$ entonces la suma obtenida entre $f(x)$ y $g(x)$ es siempre una función discontinua en $x = a$.

Dadas las funciones f y g hallar $f \circ g$; analizar si la función compuesta es continua en el punto indicado.

3) $f(x) = \dfrac{1}{x}$ $\quad g(x) = x + 3 \quad\quad x = -3$

4) $f(x) = \ln x \quad\quad g(x) = \cos x \quad\quad x = \pi$

5) $f(x) = 10 \quad\quad g(x) = x^2 \quad\quad x = 2$

6) $f(x) = e^x \quad\quad g(x) = 0 \quad\quad x = 3$

7) $f(x) = x^3 + x \quad\quad g(x) = \sqrt[3]{x} \quad\quad x = -1$

8) $f(x) = tgx \quad\quad g(x) = x - 4 \quad\quad x = 4$

9) $f(x) = 2x \quad\quad g(x) = \sec x \quad\quad x = \dfrac{\pi}{2}$

10) $f(x) = \sqrt{x} \quad\quad g(x) = sen^{-1}x \quad\quad x = 0$

11) $f(x) = [x] \quad\quad g(x) = senx \quad\quad x = 0$

12) $f(x) = x - [x] \quad\quad g(x) = \dfrac{1}{x^2} \quad\quad x = 1$

13) $f(x) = \begin{cases} x+1 & si \ x \leq 2 \\ x^2 & si \ x > 2 \end{cases} \quad g(x) = \begin{cases} -x^2 & si \ x \leq 2 \\ 3x & si \ x > 2 \end{cases} \quad x = 2$

LÍMITE Y CONTINUIDAD

14) $f(x) = \begin{cases} e^x & si \ x \leq -1 \\ 3x & si \ x > -1 \end{cases}$ $g(x) = \begin{cases} 2x & si \ x \leq -1 \\ x^2 & si \ x > -1 \end{cases}$ $x = -1$

15) $f(x) = \begin{cases} x+7 & si \ x \geq 6 \\ 3x & si \ x < 6 \end{cases}$ $g(x) = 2x + 4$ $x = 1$

16) $f(x) = \begin{cases} \ln x & si \ x > 0 \\ |x| & si \ x \leq 0 \end{cases}$ $g(x) = \begin{cases} e^x - 1 & si \ x > 0 \\ -1 & si \ x \leq 0 \end{cases}$ $x = 0$

17) $f(x) = \begin{cases} x+1 & si \ x \geq 0 \\ x+3 & si \ x < 0 \end{cases}$ $g(x) = \begin{cases} x^2 & si \ x \geq 0 \\ -2 & si \ x < 0 \end{cases}$ $x = 0$

18) $f(x) = 3x$ $g(x) = \begin{cases} x^2 + 1 & si \ x \neq 0 \\ \dfrac{1}{2} & si \ x = 0 \end{cases}$ $x = 0$

19) $f(x) = \begin{cases} 2x & si \ x > -1 \\ 3x+1 & si \ x \leq -1 \end{cases}$ $g(x) = \begin{cases} \cos x & si \ \pi < x < 2\pi \\ -1 & si \ x \leq \pi \end{cases}$ $x = \pi$

20) $f(x) = \begin{cases} x & si \ x \geq 0 \\ -x & si \ x < 0 \end{cases}$ $g(x) = \begin{cases} 1-x^2 & si \ x \geq 0 \\ -x & si \ x < 0 \end{cases}$ $x = 0$

Hallar $f \circ g$ y determinar los intervalos en que la función compuesta es continua.

21) $f(x) = \sqrt{x+1}$ $g(x) = 2x - 1$ **22)** $f(x) = \sqrt{x}$ $g(x) = 4 - x^2$

23) $f(x) = \sqrt{x+1}$ $g(x) = x^2 + 8$ **24)** $f(x) = 1 + \sqrt{x}$ $g(x) = x^3 + 1$

25) $f(x) = \dfrac{1}{x-1}$ $g(x) = x^2$ **26)** $f(x) = \dfrac{1}{x}$ $g(x) = (x-3)^2$

27) $f(x) = \sqrt{x}$ $g(x) = \dfrac{x+1}{x-1}$ **28)** $f(x) = \sqrt{x}$ $g(x) = x^2 - 6x + 8$

29) $f(x) = \dfrac{x}{\sqrt{x-1}}$ $g(x) = \sqrt[3]{x}$ **30)** $f(x) = \sqrt{2x-3}$ $g(x) = \sqrt{1-x}$

PROPIEDADES DE LAS FUNCIONES CONTINUAS

31) $f(x) = \sqrt{x^2 - 9}$ $g(x) = |x|$ **32)** $f(x) = \sqrt{\dfrac{x^2 - 1}{x}}$ $g(x) = |x|$

33) $f(x) = \ln x$ $g(x) = 2 - x$ **34)** $f(x) = \ln x$ $g(x) = x^2 - 1$

35) $f(x) = \cos x$ $g(x) = \ln x$ **36)** $f(x) = \log x$ $g(x) = senx$

37) $f(x) = x - 1$ $g(x) = e^{-x}$ **38)** $f(x) = 10^x$ $g(x) = \sqrt{x}$

39) $f(x) = e^x$ $g(x) = \dfrac{1}{x}$ **40)** $f(x) = tgx$ $g(x) = \pi^x$

41) $f(x) = \cosh x$ $g(x) = \sqrt{x}$ **42)** $f(x) = \sqrt{x}$ $g(x) = senhx$

43) $f(x) = \begin{cases} 2x+3 & si \ 2 \leq x \leq 50 \\ \dfrac{1}{x-2} & si \ x < 2 \end{cases}$ $g(x) = \begin{cases} x^2 & si \ 2 \leq x \leq 4 \\ -6 & si \ x < 2 \end{cases}$

44) $f(x) = \begin{cases} 1 & si \ x > 0 \\ 0 & si \ x = 0 \\ -1 & si \ x < 0 \end{cases}$ $g(x) = \begin{cases} \dfrac{1}{x} & si \ x > 0 \\ 3x & si \ x = 0 \\ \dfrac{1}{x} & si \ x < 0 \end{cases}$

Estudiar la continuidad de las funciones compuestas $f \circ g$ y $g \circ f$ en $x = 0$

45) $f(x) = \begin{cases} -1 & si \ x < 0 \\ 0 & si \ x = 0 \\ 1 & si \ x > 0 \end{cases}$ $g(x) = x^4 + 6$

46) $f(x) = \begin{cases} x - 1 & si \ x \geq 0 \\ x^2 & si \ x < 0 \end{cases}$ $g(x) = \begin{cases} 1 & si \ x \geq 0 \\ 2x & si \ x < 0 \end{cases}$

47) $f(x) = \sqrt{x+3}$ $g(x) = \left[x + \dfrac{3}{2} \right]$

48) $f(x) = senx$ $g(x) = x^2$

LÍMITE Y CONTINUIDAD

Aplicar el teorema del valor intermedio para hallar $c \in [a,b]$ en los siguientes casos.

49) $f(c) = 3 \quad f(x) = 4x - x^2 \quad c \in \left[\tfrac{1}{2}, 5\right]$

50) $f(c) = -7 \quad f(x) = x^2 - 6x + 1 \quad c \in [1,3]$

51) $f(c) = 2 \quad f(x) = 2^{x+1} - 6 \quad c \in [-1,4]$

52) $f(c) = -1 \quad f(x) = 1 - 2\ln x \quad c \in [1,3]$

53) $f(c) = \tfrac{3}{2} \quad f(x) = \dfrac{x+5}{x+1} \quad c \in [1,10]$

54) $f(c) = -\tfrac{2}{5} \quad f(x) = \dfrac{x}{x^2 - 9} \quad c \in \left[-1, \tfrac{5}{2}\right]$

55) $f(c) = \tfrac{\sqrt{3}}{2} \quad f(x) = \operatorname{sen}\left(x - \tfrac{\pi}{2}\right) \quad c \in \left[\tfrac{2\pi}{3}, \pi\right]$

56) $f(c) = -\tfrac{\pi}{6} \quad f(x) = \operatorname{sen}^{-1} x \quad c \in [-2, 0]$

57) $f(c) = -24 \quad f(x) = x^3 + 3x^2 + 2x \quad c \in [-5, 0]$

58) $f(c) = -4 \quad f(x) = x^4 + 3x^2 - 4 \quad c \in [-1, 2]$

59) $f(c) = \tfrac{1}{2} \quad f(x) = \begin{cases} \cos x & si \quad |x| < \tfrac{\pi}{2} \\ x - \tfrac{\pi}{2} & si \quad x \geq \tfrac{\pi}{2} \\ x + \tfrac{\pi}{2} & si \quad x \leq -\tfrac{\pi}{2} \end{cases} \quad c \in [-4, 4]$

60) $f(c) = 1 \quad f(x) = \begin{cases} 2 - |x| & si \quad |x| < 2 \\ \sqrt{x-2} & si \quad x \geq 2 \end{cases} \quad c \in [-2, 4]$

En los ejercicios **61) - 70)** considere las funciones definidas en $[a,b]$ para hallar $f(a)$ y $f(b)$. Determine si existen los ceros reales y en tal caso calcularlos.

61) $f(x) = x^2 - 8x + 12 \quad$ en $\quad$ **a)** $[1,3]$ **b)** $[1,8]$ **c)** $[4,7]$ **d)** $[0,1]$

62) $f(x) = x^3 - 11x^2 + 34x - 24 \quad$ en $\quad$ **a)** $[0,2]$ **b)** $[5,7]$ **c)** $[-1,8]$ **d)** $[3,8]$

PROPIEDADES DE LAS FUNCIONES CONTINUAS

63) $f(x) = \begin{cases} -x^4 & si \quad x \leq 0 \\ x & si \quad 0 < x \leq 1 \\ 3-2x & si \quad 1 < x \leq 3 \\ x^2 - 6x + 6 & si \quad x > 3 \end{cases}$ en **a)** $[-1,1]$ **b)** $[-3,-2]$ **c)** $[4,5]$ **d)** $[\frac{1}{2}, \frac{3}{2}]$

64) $f(x) = \begin{cases} |x+1| & si \quad 0 \leq x \leq 2 \\ 1 & si \quad x < 0 \\ 5-x & si \quad x > 2 \end{cases}$ en **a)** $[-5,-1]$ **b)** $[0,4]$ **c)** $[0,2]$ **d)** $[2,10]$

65) $f(x) = \dfrac{4}{5(x+3)} + \dfrac{1}{5(x-2)}$ en $[0, \frac{3}{2}]$

66) $f(x) = \dfrac{x^2 + 2x - 3}{x}$ en **a)** $[-4,-1]$ **b)** $[\frac{1}{2}, 2]$

67) $f(x) = sen(x - \frac{\pi}{2})$ en $[0, 3\pi]$

68) $f(x) = 2\cos(x + \pi)$ en $[-\pi, 2\pi]$

69) $f(x) = 2^{x-1} - 1$ en $[0, 5]$

70) $f(x) = e^x - e^{3x+1}$ en $[-1, 0]$

71) Determinar si la función $f(x) = x^3 - x^2 + 1$ tiene una raíz real en $[-1, 0]$

72) Determinar si la función $f(x) = \dfrac{1}{2} - \log(x^3 - x + 1)$ presenta alguna raíz real en $(1, +\infty)$

73) Verificar si la ecuación $\dfrac{x^2 + 4}{x - 2} + \dfrac{x^2 + 9}{x + 1} = 0$ tiene una solución real en $(-1, 2)$

74) Determinar si la curva dada por $f(x) = 2^x + x - 2$ interseca al eje x en el intervalo $[0, 2]$. Proponer intervalos más pequeños y aplicar sucesivamente el teorema de Bolzano para hallar el punto de intersección con un error menor a 0.1

LÍMITE Y CONTINUIDAD

Analizar si existe alguna raíz real para las siguientes ecuaciones dadas en los ejercicios 75) - 78)

75) $\dfrac{\cos x}{x} = \dfrac{1}{4}$

76) $x^2 sen\left(\dfrac{x}{2}\right) + 10\cos x - 4 = 0$

77) $\dfrac{3x^{10}}{\ln^2(1+x)+5} + 1 = 2x$

78) $\cosh x + senhx = 100$

79) Sea $f(x) = \dfrac{x-2}{x+2}$ calcular $f(-3)$ y $f(3)$; determinar si existe una raíz real en $[-3,3]$

80) Mostrar mediante ejemplos una función $f(x)$ discontinua en $[a,b]$ tal que $f(a).f(b) < 0$ y **a)** no presente raíces reales; **b)** presente solo una raíz real; **c)** presente una raíz real positiva y otra negativa.

81) Colocar V ó F. Justificar.

a) Una ecuación polinomial de grado impar tiene siempre al menos una raíz real.

b) Una ecuación polinomial de grado par siempre tiene al menos una raíz real.

82) Mostrar si existe alguna función discontinua en un intervalo $[a,b]$ tal que tome todos los valores entre $f(a)$ y $f(b)$

En los ejercicios 83) - 96) investigar si las siguientes funciones son continuas, estrictamente crecientes o estrictamente decrecientes en los intervalos dados; en tal caso hallar sus inversas e indicar en qué intervalos están definidas.

83) $f(x) = 2x - 3$ en $[-2,3]$

84) $f(x) = 4 - x$ en $[0,4]$

85) $f(x) = 2x - x^2$ en **a)** $[-1,1]$ **b)** $[0,2]$

86) $f(x) = x^2 - 4x + 8$ en **a)** $[-2,2]$ **b)** $[2,5]$

87) $f(x) = \dfrac{1}{x}$ en **a)** $[1,3]$ **b)** $[-1,1]$

b) $[3,5]$

PROPIEDADES DE LAS FUNCIONES CONTINUAS

89) $f(x) = senx$ en   **a)** $\left[-\frac{\pi}{2},\frac{\pi}{2}\right]$ **b)** $[0,\pi]$

90) $f(x) = tgx$ en   **a)** $\left[-\frac{\pi}{4},\frac{\pi}{4}\right]$ **b)** $\left[0,\frac{\pi}{2}\right]$

91) $f(x) = e^{-x}$ en   **a)** $[-1,2]$ **b)** $[0,1]$

92) $f(x) = \log_{1/2} x$ en   **a)** $[1,4]$ **b)** $\left[\frac{1}{4},\frac{1}{2}\right]$

93) $f(x) = \dfrac{x+4}{x-2}$ en   **a)** $[0,1]$ **b)** $[0,4]$ **c)** $[3,5]$

94) $f(x) = \dfrac{x^2-1}{x+1}$ en   **a)** $[-2,0]$ **b)** $[0,1]$ **c)** $[-1,1]$

95) $f(x) = |x|$ en   **a)** $[-2,2]$ **b)** $[-2,0]$ **c)** $[0,2]$

96) $f(x) = \begin{cases} x^2+1 & si \quad x \geq 0 \\ -x+1 & si \quad x < 0 \end{cases}$ en   **a)** $[-1,1]$ **b)** $[-1,0]$ **c)** $[0,1]$

97) Sea $f(x) = \ln x$ y $g(x) = x-1$ hallar $(f \circ g)^{-1}$ Determinar el dominio y la imagen de la misma. Analizar en qué intervalo es continua.

98) Sea la función discontinua $f(x) = \begin{cases} x & si \quad x \geq 0 \\ -1 & si \quad x < 0 \end{cases}$ hallar si existe $g^{-1}(x)$ inversa de $g(x) = x^2 f(x)$ Determinar si $g^{-1}(x)$ es continua o discontinua. Representar gráficamente.

Ejercicios diversos

99) Demostrar que si k es un número real y $f(x)$ una función continua en $x = a$ entonces $kf(x)$ es una función continua en $x = a$.

100) Demostrar que la suma, el producto y el cociente de funciones continuas es una función continua siempre que, en el caso de la división, el divisor no sea nulo.

101) Demostrar que la función compuesta $f \circ g$ de dos funciones continuas f y g es también continua.

LÍMITE Y CONTINUIDAD

102) Sea $f(x) = \ln x$ continua en $(0,+\infty)$, hallar $f^{-1}(x)$ y determinar en qué intervalos $f\left(f^{-1}(x)\right)$ y $f^{-1}\left(f(x)\right)$ son funciones continuas.

103) Aplicar el teorema del valor intermedio para determinar si existe un número real tal que sea una unidad menor que su potencia quinta.

RESPUESTAS

Respuestas a ejercicios de número impar

Ejercicios 2 -

1) 5 3) 28 5) 90 7) 0 9) 16 11) 0 13) 0 15) 0 17) −1
19) $+\infty$ 21) 0 23) $+\infty$ 25) 0 27) $+\infty$ 29) $+\infty$ 31) $+\infty$ 33) −2
35) 0 37) 1 39) $-\infty$ 41) 0 43) $+\infty$ 45) $+\infty$ 47) $+\infty$ 49) $-\infty$
51) $-\dfrac{1}{2}$ 53) $\dfrac{1}{2}$ 55) −5 57) $+\infty$ 59) $-\infty$ 61) $+\infty$ 63) $+\infty$ 65) $-\infty$
67) $+\infty$ 69) $+\infty$ 71) 0 73) $+\infty$ 75) $+\infty$ 77) $\dfrac{\pi}{2}$ 79) $-\infty$ 81) $-\infty$
83) $+\infty$ 85) 0 87) 1 si $x \to 0^+$; $-\dfrac{3}{4}$ si $x \to 0^-$ 89) $\dfrac{4}{3}$ si $x \to -1^+$; $-\infty$ si $x \to -1^-$; $10^{\ln 2}$ si $x \to 2^+$; $+\infty$ si $x \to 2^-$ 91) 1 si $x \to 0^-$; −1 si $x \to 0^+$; $-\infty$ si $x \to 1^-$; 3 si $x \to 1^+$ 93) $+\infty$ si $x \to 2^-$; $+\infty$ si $x \to 2^+$; $\dfrac{1}{4}$ si $x \to -2^-$; $e^{1/4}$ si $x \to -2^+$ 95) no existe si $x \to \dfrac{\pi}{2}^-$; $-\infty$ si $x \to \dfrac{\pi}{2}^+$ 97) −1 si $x \to 0^-$; $-\infty$ si $x \to 0^+$; $-\infty$ si $x \to 1^-$; $+\infty$ si $x \to 1^+$ 99) 0 si $x \to 0^-$; $+\infty$ si $x \to 0^+$
101) $-\infty$ si $x \to 0^-$; 1 si $x \to 0^+$ 103) 0 si $x \to 1^+$; $+\infty$ si $x \to 1^-$; $-\infty$ si $x \to -1^+$; $+\infty$ si $x \to -1^-$ 105) $-\infty$ si $x \to 0^-$; $+\infty$ si $x \to 0^+$; 0 si $x \to 1^-$; 0 si $x \to 1^+$ 107) $-\infty$ si $x \to 0^-$; 0 si $x \to 0^+$
109) 0 si $x \to 0^-$; $+\infty$ si $x \to 0^+$ 111) $-\infty$ si $x \to 1^-$; $\dfrac{\pi}{2}$ si $x \to 1^+$; $+\infty$ si $x \to -1^+$ 113) 1 115) 2 117) 0 119) 0 121) $+\infty$ 123) 0
125) no existe 127) 0 129) 0 131) no existe 133) no existe 135) 0
137) no existe 139) no existe 141) $t > -5$ 143) $t < -1$ o $t > 3$
145) $-\dfrac{1}{4} \leq t < \dfrac{1}{2}$ 147) $t \geq 0$ 149) $\pm\sqrt{2}$ 151) a) si b) no

LÍMITE Y CONTINUIDAD

Ejercicios 3.1 -

1) 4   3) −1   5) 2   7) $\dfrac{1}{4}$ 9) $-\dfrac{11}{3}$ 11) $\dfrac{2}{3}$ 13) $\dfrac{3}{5}$ 15) 2   17) −12

19) $-\dfrac{20}{9}$ 21) $\dfrac{99}{100}$ 23) $-\dfrac{49}{10}$ 25) $\sqrt[3]{\dfrac{1}{16}}$ 27) 1   29) 12   31) 3

33) $+\infty$ 35) $\dfrac{2^{45}}{3^{15}}$ 37) 0   39) $\dfrac{n+m}{2}$ 41) 8   43) $-\dfrac{n(1+n)}{2}$ 45) 4

47) $-\dfrac{1}{3}$ 49) $\dfrac{1}{8}$ 51) $-\dfrac{5}{3}$ 53) $-\dfrac{1}{8}$ 55) 1   57) $\dfrac{1}{8}$ 59) $-\infty$ 61) $-\dfrac{2}{3}$

63) −1   65) $\dfrac{3}{4}$ 67) 16   69) $\dfrac{1}{5\sqrt[5]{a^4}}$ 71) −1   73) $\dfrac{m}{n}$ 75) $\dfrac{4}{15}$ 77) $\dfrac{8}{3}$

79) $\dfrac{5}{12}$ 81) 80   83) $\dfrac{2}{3}$ 85) $\dfrac{16}{15}$ 87) $\dfrac{1}{24}$ 89) $\dfrac{3}{4}$ 91) $-\dfrac{5}{18}$ 93) $\dfrac{27}{14}$

95) $-\dfrac{1}{10}$ 97) $\dfrac{3}{8}$ 99) $\dfrac{19}{15}$ 101) $\sqrt{5}^{\sqrt{5}}$ 103) $\dfrac{1}{3}$ 105) $\dfrac{3}{7}$ 107) 0

109) 8   111) $\dfrac{1}{81}$ 113) $\dfrac{4}{7}$ 115) 2   117) 5   119) 6   121) $\dfrac{1}{2}$ 123) 0

125) $-\dfrac{1}{2}$ 127) $+\infty$ 129) 200   131) 1   133) 2   135) 0   137) $\dfrac{2}{\pi^2}$

139) 3   141) $-\dfrac{1}{4}$ 143) $\dfrac{1}{3}$ 145) $-\dfrac{8}{\sqrt{3}}$ 147) $\dfrac{2}{3}$ 149) $-senw$

151) $-\dfrac{\cos w}{sen^2 w}$ 153) $\sec^2 w$ 155) $\cos \alpha$ 157) $-\cos ec^2 \alpha$ 159) $\dfrac{sen\alpha}{\cos^2 \alpha}$

161) $\dfrac{sen\beta}{5}$ 163) −4   165) 0   167) $-\cos t$ 169) $\dfrac{1}{tg^4 t - 1}$ 171) 6

173) 12   175) 0   177) 1   179) $\dfrac{9}{4}$ 181) 2   183) 2   185) 1

187) $\dfrac{1}{2}$ 189) 3   191) 1   193) 3   195) 8   197) $\dfrac{1}{2}$ 199) $\dfrac{1}{36}$

201) $\dfrac{2}{3}$ 203) $-\dfrac{1}{2}$ 205) $\dfrac{1}{4}$ 207) $\dfrac{\ln 100}{100}$ 209) $27(1-\ln 3)$ 211) $\dfrac{\ln 4}{\ln 3}$

213) 0   215) 1   217) 3   219) $-1-\ln \pi$ 221) $-\pi$ 223) 1   225) $\ln 10$

227) $\dfrac{a}{b}$ 229) 1   231) $\dfrac{1}{2}$ 233) 1   235) $\cosh y$ 237) $senha$ 239) n

RESPUESTAS

243) $2x$ **245)** $\dfrac{1}{2\sqrt{x}}$ **247)** $\cos x$ **249)** $\dfrac{1}{x}$ **251)** $\operatorname{senh}x$ **253)** $a = 2$

255) $a = 4 \quad b = 5$ **257)** $k_1 = \dfrac{1}{9} \quad k_2 = -\dfrac{1}{9}$

Ejercicios 3.2 -

1) $\dfrac{1}{3}$ **3)** $-\infty$ **5)** 0 **7)** $\dfrac{1}{16}$ **9)** $\dfrac{5^{20} 3^{42}}{2^{32}}$ **11)** $\dfrac{22}{31}$ **13)** $\dfrac{9}{4}$ **15)** -2

17) $+\infty$ **19)** -1 **21)** $\dfrac{1}{2}$ **23)** 2 **25)** $\dfrac{1}{2}$ **27)** 1 **29)** $+\infty$ **31)** 0

33) 0 **35)** 1 **37)** 0 **39)** $\log 20$ **41)** $\dfrac{1}{2}$ **43)** $+\infty$ **45)** $\dfrac{\pi}{4}$ **47)** 3

49) $+\infty$ **51)** 1 **53)** $+\infty$ **55)** 4 **57)** $+\infty$ **59)** 0 **61)** $+\infty$ **63)** 1
65) $+\infty$ **67)** 0 **69)** 0 **71)** 0 **73)** $g(x) \to 8$ **75)** $a = 9 \quad b = 6$

Ejercicios 3.3 -

1) $-\infty$ **3)** 0 **5)** $\dfrac{1}{2}$ **7)** 9 **9)** 1 **11)** $-\infty$ **13)** 0 **15)** 0 **17)** $\dfrac{1}{2}$

19) 0 **21)** $-\infty$ **23)** 1 **25)** $-\infty$ **27)** 1 **29)** 0 **31)** $+\infty$ **33)** $-\infty$

35) $-\ln 8$ **37)** $-\ln 2$ **39)** $-\dfrac{\pi}{6}$ **41)** 0 **43)** $\dfrac{1}{2}(e - e^{-1})$ **45)** $+\infty$

47) $a \in R \quad b = 6 - a$ **49)** $k \geq 160$ **51)** $f(x) \to +\infty$

Ejercicios 3.4 -

1) e^{24} **3)** $+\infty$ **5)** 0 **7)** e **9)** e^5 **11)** e^{-12} **13)** e^{-6} **15)** e^2
17) $e^{5/2}$ **19)** 0 **21)** $+\infty$ **23)** 1 **25)** $+\infty$ **27)** e^{-7} **29)** e^2 **31)** $e^{-1/2}$
33) 1 **35)** e^{-1} **37)** $+\infty$ **39)** e^7 **41)** e^9 **43)** e^6 **45)** e^{-1} **47)** e
49) e^5 **51)** e^2 **53)** e^{-1} **55)** $e^{\sqrt{3}}$ **57)** $+\infty$ **59)** e^{-1} **61)** 1 **63)** $e^{-1/5}$
65) $e^{1/e}$ **67)** $e^{1/8}$ **69)** e^3 **71)** 1 **73)** $e^{1/2}$ **75)** 105 **77)** e^{-24}
81) $-\dfrac{1}{2}$ **83) a)** $k < 9$ **b)** $k > 9$ **c)** $e^{7/2}$ **85)** $1; \ 5$ **87)** $\dfrac{1}{6}$

Ejercicios 3.5 -

1) 1 3) e 5) $+\infty$ 7) 1 9) 1 11) e^{-1} 13) 1 15) 1 17) e

19) 1 21) 1 23) $+\infty$ 25) 1 27) $\dfrac{\pi}{4}$ 29) a 31) $-\infty$ 33) 0

35) $\ln 2$ 37) 0 39) $\dfrac{1}{2}$ 41) 1 43) $-\dfrac{8}{\pi}$ 45) 1 47) $\sqrt{e}$ 49) 1

51) 0 53) $+\infty$ 55) $\dfrac{2}{3}$

Ejercicios 4 -

1) $x=4$ $y=0$ 3) $x=2$ $y=0$ 5) $x=\dfrac{1}{4}$ $y=\dfrac{1}{2}$ 7) $x=-3$ $y=0$

9) $y=-1$ 11) $y=4$ 13) $x=1$ $y=1$ 15) $x=-9$ $y=x-9$

17) No tiene 19) $x=3$ 21) $x=3$ $x=2$ 23) $x=k\pi$; $k \in Z$

25) $y=-1$ 27) $y=0$ 29) $y=x+1$ $y=-x-1$ 31) $y=1$ $y=-1$ $x=2$

33) $x=1$ $x=-1$ $y=x$ $y=-x$ 35) $y=\dfrac{1}{3}$ 37) $y=0$ $y=x$

39) $x=0$ $y=1$ 41) $y=0$ 43) $y=\dfrac{\pi}{2}$ $y=-\dfrac{\pi}{2}$ 45) $y=0$ 47) No tiene

49) $x=-1$ $y=1$ 51) $y=2x+\dfrac{\pi}{2}$ 53) $x=0$ $y=-1$ $y=1$

55) $x=2$ $y=0$ 57) $x=1$ $y=0$ 59) $x=3$ $y=1$ 61) no 63) no

65) $y=0$ 67) no 71) $x=\dfrac{1}{2}$ $y=2$ 73) $a=3$ $b=-9$ $c=8$

75) $a=-3$ 77) $r=-2$ $k=-15$ 79) $s=\dfrac{3}{10}$ $t=-\dfrac{27}{50}$

Ejercicios 5.1 -

1) $\delta=\dfrac{\varepsilon}{2}$ 3) $\delta=\varepsilon$ 5) $\delta=\dfrac{\varepsilon}{4}$ 7) $\delta=\varepsilon$ 9) $\delta=\varepsilon$ 11) $\delta=\varepsilon$

13) $\delta=\min\left(1,\dfrac{\varepsilon}{13}\right)$ 15) $\delta=\min\left(1,\dfrac{\varepsilon}{9}\right)$ 17) $\delta=\min\left(1,\dfrac{\varepsilon}{37}\right)$

RESPUESTAS

19) $\delta = mín\left(1, \dfrac{\varepsilon}{5}\right)$ **21)** $\delta = \sqrt{\varepsilon}$ **23)** $\delta = mín(1, 12\varepsilon)$ **25)** $\delta = mín(1, 2\varepsilon)$

27) $\delta = mín\left(\dfrac{1}{2}, \dfrac{\varepsilon}{2}\right)$ **29)** $\delta = \varepsilon^2$ **31)** $\delta = mín(1, \sqrt{8\varepsilon})$ **33)** $\delta = 1 - e^{-\varepsilon}$

35) $\delta = \dfrac{\ln(1+\varepsilon)}{3}$ **37)** $\delta = 2\sqrt{-\dfrac{1}{\ln \varepsilon}}$ **39)** $\delta = \varepsilon$ **41)** $\delta = \varepsilon$ **43) a)** $\delta = \dfrac{\varepsilon}{2}$

b) $\delta = \varepsilon$ **47)** $0 < |x-5| < \dfrac{1}{1100}$ **49)** $\delta = \dfrac{1}{400}$ **51)** $\delta = \dfrac{e^{\varepsilon}}{2}$

53) $f(x) = 5x - 6$ **55)** $f(x) = \ln x$ para $x \to 10^+$

Ejercicios 5.2 -

1) $\delta = \dfrac{3}{k}$ **3)** $\delta = \dfrac{1}{10k}$ **5)** $\delta = \dfrac{1}{k}$ **7)** $\delta = \dfrac{1}{k^2}$ **9)** $\delta = \dfrac{1}{k}$

11) $\delta = mín\left(1, \dfrac{3}{7k}\right)$ **13)** $\delta = \dfrac{\ln 2}{\ln k}$ **15)** $\delta = \dfrac{1}{\sqrt[3]{k}}$ **17)** $\delta = \ln\left(1 + \dfrac{1}{k}\right)$

19) $\delta = \sqrt{e^{-k}}$ **21) a)** $\delta = \dfrac{10}{k}$ **b)** $mín\left(\dfrac{1}{2}, \dfrac{2}{k}\right)$ **23)** $0 < |x-3| < \dfrac{1}{10000}$

25) $\delta = e^{-2k}$ **27)** $f(x) = \dfrac{1}{\sqrt[4]{x}}$

Ejercicios 5.3 -

1) $N = \dfrac{1}{\varepsilon}$ **3)** $N = \dfrac{1}{\varepsilon^3}$ **5)** $N = \dfrac{5}{2\varepsilon} + \dfrac{1}{2}$ **7)** $N = -\dfrac{\ln \varepsilon}{\ln 2}$ **9)** $N = \dfrac{\ln^2 \varepsilon}{\ln^2(1/2)}$

11) $N = \dfrac{1}{\sqrt{\ln(e\varepsilon + 1)}}$ **13)** $N = e^{1/\varepsilon}$ **15)** $N = \dfrac{1}{\varepsilon^2}$ **17)** $N = \left(\dfrac{2}{\varepsilon} + 1\right)^3$

19) $N = \dfrac{1}{\varepsilon} + 1$ **21)** $N = \dfrac{1}{1 - e^{-\varepsilon}}$ **23)** $N = \dfrac{1}{\varepsilon}$ **25)** $N = máx\left(101, \dfrac{1}{\varepsilon}\right)$

27) $N = \dfrac{8}{\varepsilon}$ **29)** $N = \dfrac{1}{\varepsilon}$ **31)** $N = máx\left(10, \dfrac{1}{\varepsilon}\right)$ **33) a)** $N = \dfrac{\ln \varepsilon}{\ln(1/5)}$

LÍMITE Y CONTINUIDAD

b) $N = -\ln \varepsilon$ **35)** $N = \dfrac{2}{\ln\left(\frac{\varepsilon}{2}+1\right)}$ **37)** $N = 1 + \dfrac{5}{2\varepsilon}$ **39)** $f(x) = \dfrac{1}{3\ln x}$

Ejercicios 5.4 -

1) $N = \sqrt[3]{\dfrac{k}{2}}$ **3)** $N = \dfrac{k+1}{4}$ **5)** $N = \sqrt{k}+1$ **7)** $N = k-2$ **9)** $N = \sqrt[4]{1+k}$

11) $N = \dfrac{\log k}{2}$ **13)** $N = e^k$ **15)** $N = e^{e+k}$ **17)** $N = 2 + \dfrac{\sqrt{k+1}}{2}$

19) $N = máx(3,k)$ **21) a)** $N = e^{k/3}$ **b)** $N = \log k$ **23)** $N = 15$

25) $f(x) = e^{2x}$

Ejercicios 6.1 -

1) -4 **3)** 3 **5)** $1; -2$ **7)** 0 **9)** 0 **11)** $(2k+1)\dfrac{\pi}{2}$; $k \in Z$

13) $k\pi$; $k \in Z$ **15)** Z **17)** 0 **19)** no existen   **21)** 0 **23)** 0 **25)** -2

27) $-\pi$ **29)** $\dfrac{1}{2}$; 2 **31)** evitable en $x = 12$ **33)** evitable en $x = 1$

35) evitable en $x = 1$ **37)** esencial en $x = 0$ **39)** esencial en $x = 0$
41) esencial en $x = 0$ **43)** evitable en $x = 0$ **45)** evitable en $x = 0$

47) esencial en $(2k+1)\dfrac{\pi}{2}$; $k \in Z$ **49)** evitable en $x = 3$ **51)** esencial en $x = -2$ **53)** esencial en $x = 1$ **55)** esencial en $x = 4$ **57)** esencial en $x = 0$; evitable en $x = -\pi$ **59)** evitable en $x = 4$ **61)** esencial en $x = 0$

63) $k = 1$ **65)** $m = -1$; $k = 0$ **67)** $m = \dfrac{34}{3}$ **69)** $m = -3$ **71)** $k = \dfrac{27}{11}$; $\dfrac{162}{11}$ **73)** continua en R **75)** esencial en $x = 0$; evitable si $x \in Z - \{0\}$; continua si $x \notin Z$ **77)** continua en R **79)** esencial si $x \in Z$; continua si $x \notin Z$ **81)** esencial en $x = 0$; continua en $R - \{0\}$ **83)** $f(2) = -2$

85) $f(0) = 2$ **87)** $f(0) = e^{10}$ **89)** $f(0) = -1$ **91)** $m = -1$; $p = 1$; $q = -2$
93) $m = 2$; $p = 3$ **95)** $a = 40$; $b = -3600$

RESPUESTAS

Ejercicios 6.2 -

1) $\left[\dfrac{1}{3}, +\infty\right)$ 3) $(-2, 2)$ 5) $[-1, 1]$ 7) $(-7, 7]$ 9) $R - \left\{(2k+1)\dfrac{\pi}{8}; k \in Z\right\}$

11) $[-1, 5)$

Ejercicios 7 -

3) $f[g(x)] = \dfrac{1}{x+3}$ discontinua en $x = -3$

5) $f[g(x)] = 10$ continua en $x = 2$

7) $f[g(x)] = x + \sqrt[3]{x}$ continua en $x = -1$

9) $f[g(x)] = 2\sec x$ discontinua en $x = \dfrac{\pi}{2}$

11) $f[g(x)] = [\operatorname{sen} x]$ discontinua en $x = 0$

13) $f[g(x)] = \begin{cases} 1 - x^2 & si \ x \leq 2 \\ (3x)^2 & si \ x > 2 \end{cases}$ discontinua en $x = 2$

15) $f[g(x)] = \begin{cases} 2x + 11 & si \ x \geq 1 \\ 6x + 12 & si \ x < 1 \end{cases}$ discontinua en $x = 1$

17) $f[g(x)] = \begin{cases} x^2 + 1 & si \ x \geq 0 \\ 1 & si \ x < 0 \end{cases}$ discontinua en $x = 0$

19) $f[g(x)] = \begin{cases} 2\cos x & si \ \pi < x < 2\pi \\ -2 & si \ x \leq \pi \end{cases}$ continua en $x = \pi$

21) $f[g(x)] = \sqrt{2x}$ continua en $[0, +\infty)$

23) $f[g(x)] = \sqrt{x^2 + 9}$ continua en R

25) $f[g(x)] = \dfrac{1}{x^2 - 1}$ continua en $R - \{1, -1\}$

27) $f[g(x)] = \sqrt{\dfrac{x+1}{x-1}}$ continua en $(-\infty, -1] \cup (1, +\infty)$

29) $f[g(x)] = \dfrac{\sqrt[3]{x}}{\sqrt{\sqrt[3]{x} - 1}}$ continua en $(1, +\infty)$

31) $f[g(x)] = \sqrt{|x|^2 - 9}$ continua en $(-\infty, -3] \cup [3, +\infty)$

LÍMITE Y CONTINUIDAD

33) $f[g(x)] = \ln(2-x)$ continua en $(-\infty, 2)$

35) $f[g(x)] = \cos(\ln x)$ continua en $(0, +\infty)$

37) $f[g(x)] = e^{-x} - 1$ continua en R

39) $f[g(x)] = e^{1/x}$ continua en $R - \{0\}$

41) $f[g(x)] = \cosh\sqrt{x}$ continua en $[0, +\infty)$

43) $f[g(x)] = \begin{cases} 2x^2 + 3 & si \ 2 \leq x \leq 4 \\ -\dfrac{1}{8} & si \ x < 2 \end{cases}$ continua en $(-\infty, 2) \cup (2, 4]$

45) $f \circ g$ continua $\quad g \circ f$ discontinua

47) $f \circ g$ continua $\quad g \circ f$ continua

49) 3 ; 1   **51)** 2   **53)** 7   **55)** $\dfrac{5\pi}{6}$ **57)** –4   **59)** $\dfrac{\pi}{3}$; $-\dfrac{\pi}{3}$

61) a) $f(1) = 5 \quad f(3) = -3$ **b)** $f(1) = 5 \quad f(8) = 12$

    c) $f(4) = -4 \quad f(7) = 5$ **d)** $f(0) = 12 \quad f(1) = 5 \quad$ ceros 2 ; 6

63) a) $f(-1) = -1 \quad f(1) = 1$ **b)** $f(-3) = -81 \quad f(-2) = -16$

    c) $f(4) = -2 \quad f(5) = 1$ **d)** $f\left(\dfrac{1}{2}\right) = \dfrac{1}{2} \quad f\left(\dfrac{3}{2}\right) = 0 \quad$ ceros 0 ; $\dfrac{3}{2}$; $3 + \sqrt{3}$

65) $f(0) = \dfrac{1}{6} \quad f\left(\dfrac{3}{2}\right) = -\dfrac{2}{9} \quad$ ceros 1

67) $f(0) = -1 \quad f(3\pi) = 1 \quad$ ceros $\dfrac{\pi}{2}$; $\dfrac{3\pi}{2}$; $\dfrac{5\pi}{2}$

69) $f(0) = -\dfrac{1}{2} \quad f(5) = 15 \quad$ ceros 1   **71)** $f(-1) = -1 \quad f(0) = 1 \quad$ sí, tiene

73) sí   **75)** existe   **77)** existe   **79)** $f(-3) = 5 \quad f(3) = \dfrac{1}{5} \quad$ existe

81) a) V   **b)** F   **83)** continua, estrictamente creciente; $f^{-1} = \dfrac{x+3}{2}$ en $[-7, 3]$

85) a) continua, estrictamente creciente; $f^{-1} = 1 - \sqrt{1-x}$ en $[-3, 1]$

    b) continua, no es estrictamente creciente ni decreciente

87) a) continua, estrictamente decreciente; $f^{-1} = \dfrac{1}{x}$ en $\left[\dfrac{1}{3}, 1\right]$

    b) discontinua

RESPUESTAS

89) a) continua, estrictamente creciente; $f^{-1} = sen^{-1}x$ en $[-1,1]$

b) continua, no es estrictamente creciente ni decreciente

91) a) continua, estrictamente decreciente; $f^{-1} = -\ln x$ en $\left[\dfrac{1}{e^2}, e\right]$

b) continua, estrictamente decreciente; $f^{-1} = -\ln x$ en $\left[\dfrac{1}{e}, 1\right]$

93) a) continua, estrictamente decreciente; $f^{-1} = \dfrac{2x+4}{x-1}$ en $[-5,-2]$

b) discontinua en $[0,4]$

c) continua, estrictamente decreciente; $f^{-1} = \dfrac{2x+4}{x-1}$ en $[3,7]$

95) a) continua, no es estrictamente creciente ni decreciente

b) continua, estrictamente decreciente; $f^{-1} = -x$ en $[0,2]$

c) continua, estrictamente creciente; $f^{-1} = x$ en $[0,2]$

97) $(f \circ g)^{-1} = e^x + 1 \quad D = R \quad I = (1, +\infty)$; continua en $(-\infty, +\infty)$

LÍMITE Y CONTINUIDAD